环境化学实验

金军　胡吉成　陈坦　主编

清华大学出版社
北京

图书在版编目（CIP）数据

环境化学实验 / 金军，胡吉成，陈坦主编. -- 北京 ：清华大学出版社，2024. 12. -- ISBN 978-7-302-67644-7

Ⅰ. X13-33

中国国家版本馆 CIP 数据核字第 2024V999G5 号

责任编辑：刘　杨
封面设计：何凤霞
责任校对：薄军霞
责任印制：宋　林

出版发行：清华大学出版社
网　　址：https://www.tup.com.cn，https://www.wqxuetang.com
地　　址：北京清华大学学研大厦 A 座　　**邮　　编**：100084
社 总 机：010-83470000　　**邮　　购**：010-62786544
投稿与读者服务：010-62776969，c-service@tup.tsinghua.edu.cn
质量反馈：010-62772015，zhiliang@tup.tsinghua.edu.cn
印 装 者：小森印刷霸州有限公司
经　　销：全国新华书店
开　　本：185mm×260mm　**印　张**：6.5　**字　　数**：155 千字
版　　次：2024 年 12 月第 1 版　**印　　次**：2024 年 12 月第 1 次印刷
定　　价：32.00 元

产品编号：102922-01

前言
PREFACE

环境化学是环境科学的核心组成部分，是一门研究有害化学物质在大气、水、土壤等环境介质中的存在、化学特性、行为和效应及其控制原理的学科，以环境问题为研究对象，以解决环境问题为目标。为了厘清污染物对环境的危害程度以及可能产生的生态效应和风险，不仅要定性、定量检测污染物，还需阐明污染物在环境中迁移、转化、积累和归趋的规律，为环境保护实践提供科学基础。掌握必要的环境化学实验技能对我们加深认识和理解环境化学的相关理论与方法，从事环境化学有关科学研究工作具有非常重要的意义。

环境化学随着人类社会相继出现的环境问题而不断发展，研究内容不断丰富，所涉及的实验方法和技术手段也在不断更新。编者综合自身在环境化学实验教学、相关领域的研究工作以及指导大学生创新项目中的实践经验，完成了《环境化学实验》的编写工作。本教材既注重对学生基本实验技能的锻炼，同时又反映了当前环境化学领域国内外最新的研究方法，以及国家对新污染物治理的需求。

本书内容主要涉及污染物在大气、水、土壤以及生物中的存在形式、化学特性、迁移转化规律等。为了反映污染物的生态效应和风险，部分实验内容涉及环境中重要污染物的风险评价方法。此外，一些实验综合性较强、内容较多，需较长的时间才能完成，教师可根据具体情况安排。这些综合性实验可为大学生开展创新能力训练项目提供思路和方法参考。

本书是中央民族大学生命与环境科学学院近30年环境化学理论研究及本科实验课程教学实践积累的成果，是学院众多教师集体智慧的结晶。本书由金军、胡吉成、陈坦主编，杨婷、张冰、郭峻瑜、王英、刘颖副主编。其中，实验三、四、七、九、十三、十四、二十八由金军教授、郭峻瑜博士编写；实验一、二、五、六、十六、二十三、二十六、二十七由胡吉成博士编写；实验八、十八、二十、二十四由陈坦副教授编写；实验十、十七、二十一由刘颖教授编写；实验十一、十九、二十二由杨婷副教授编写；实验十二、十五、二十五由张冰副教授编写；最后由金军教授审阅和修改全部书稿。

编者在编写过程中，还参考和借鉴了其他环境化学实验教材，如书中实验十二参考和借鉴了高等教育出版社的《环境化学实验》(第二版)和化学工业出版社的《环境化学实验》。在此，向这些教材的作者表示衷心的感谢。

此外，在本书的编写过程中，生命与环境科学学院林伟立教授和邢璇副教授分别对实验七和实验十二的内容提出了有价值的修改意见；王英副教授、杨济源、包峻松、吕妍、刘梦琪、李如、李天炜、董凯欣、兰子儒参与了初稿的格式校正工作。清华大学出版社编辑同志给予了大力支持和帮助，提出了许多宝贵的修改意见，在此一并致谢。

由于编者水平所限，书中难免存在疏漏，敬请读者批评指正。

编　者

2023 年 11 月于中央民族大学

目录

CONTENTS

一、大 气 篇

实验一 城市大气中不同粒径颗粒物和气相样本的采集及测定

大气污染物按物理状态可分为两种：气体污染物和气溶胶。气溶胶是指液体或固体颗粒均匀地分散在气体中形成的相对稳定的悬浮体系，其中液体或固体颗粒是指空气动力学直径(D_p)在 0.002～100 μm 的液滴或固态粒子。气溶胶的组成及来源随粒径大小有明显不同的特点，可将气溶胶粒子分为细粒子($D_p \leqslant 2.5$ μm)和粗粒子($D_p > 2.5$ μm)两大类。随着工业的不断发展，人类的活动越来越占主导地位，以致气溶胶粒子的人为来源比例逐年增加。气溶胶粒子的粒径分布特征提供了其来源、化学形成和增长机制等重要信息。因此，在研究大气污染问题时，通常需要采集不同粒径的大气颗粒物以了解其粒径分布特征。同时，大气中的有机物按其饱和蒸气压的大小分为非挥发性有机物(NVOC，$<10^{-9}$ kPa)、半挥发性有机物(SVOC，$10^{-9} \sim 10^{-5}$ kPa)和挥发性有机物(VOC，$>10^{-5}$ kPa)。在适宜条件下，吸附在大气颗粒物上的 SVOC 可发生解吸附进入大气气相。所以，在研究大气中 SVOC 的环境行为时，需要同时采集大气颗粒相和气相样本。

一、实验目的

1. 掌握大气采样器的基本原理及使用方法。
2. 掌握重量法测定大气颗粒物的方法。
3. 掌握同时收集大气颗粒相和气相样本的方法。

二、实验原理

大气颗粒物形状各异且极不规则，通过直接测定获得其几何直径的难度很大，而空气动力学直径可直接由动力学方法测定得到。所以大气颗粒物的直径常用空气动力学直径表示，不仅容易测量，而且能够代表颗粒物的动力学属性。本实验分别通过一定切割特性的采样器，以恒速抽取定量体积空气，使环境空气中 $PM_{2.5}$、PM_5 和 PM_{10} 被截留在已知质量的滤膜上，根据采样前后滤膜的重量差和采样体积，计算出 $PM_{2.5}$、PM_5 和 PM_{10} 的浓度。

利用聚氨酯泡沫体(PUF)有机颗粒物采样器采集颗粒相、气相样本,采集器包含两个采集装置:过滤石英滤膜用于采集微粒,净化的PUF用于采集VOC和SVOC。

三、仪器与材料

1. 仪器

大气采样器(含$PM_{2.5}$、PM_5和PM_{10}采样切割头)、聚氨酯泡沫体有机颗粒物采样器、恒温恒湿箱、干燥器、分析天平(感量为0.1 mg)。

2. 材料

玻璃纤维滤膜、石英滤膜、聚氨酯泡沫体、丙酮(农残级)、无水乙醇(分析纯)、镊子、棉花。

四、实验步骤

1. 采样准备

将滤膜置于恒温恒湿箱(室)中平衡24 h,平衡条件为:温度取15~30 ℃中任意一点,相对湿度控制在45%~55%范围内,记录平衡温度与湿度。在上述平衡条件下,用感量为0.1 mg的分析天平称量滤膜,记录滤膜重量。同一滤膜在恒温恒湿箱(室)中相同条件下再平衡1 h后称重。对于$PM_{2.5}$、PM_5和PM_{10}颗粒物滤膜样品,两次重量之差分别小于0.4 mg为满足恒重要求。

采样前将聚氨酯泡沫体置于索氏提取器中,以丙酮为提取剂,循环提取8 h以上。取出聚氨酯泡沫体,晾干,使用锡纸包裹,密封保存。

2. 大气颗粒物样品采集

采样时,采样器入口距地面高度不得低于1.5 m。采样不宜在风速大于8 m/s等天气条件下进行。采样点应避开污染源及障碍物。如果测定交通枢纽处的$PM_{2.5}$、PM_5和PM_{10}浓度,采样点应布置在距人行道边缘外侧1 m处。采用间断采样方式测定日平均浓度时,次数不应少于4次,记录采样流量,累积采样时间不应少于18 h。

采样时,将已称重的滤膜用镊子夹取放入洁净采样夹内的滤网上,滤膜毛面应朝向进气方向并将滤膜牢固压紧至不漏气。如果测定单次浓度,每次需更换滤膜;如果测日平均浓度,样品可采集在一张滤膜上。采样结束后,用镊子取出滤膜。将有尘面两次对折,放入样品盒或纸袋中,并做好采样记录(采样流量、时长等)。滤膜采集后,如不能立即称重,应在4 ℃条件下冷藏保存。

3. 大气颗粒相与气相同时采集

按步骤2所述方法将颗粒物采样滤膜安装至采样器,再将聚氨酯泡沫体放入洁净的采样杯中,将气相采集模块串联安装至颗粒物采样头下端。记录采样流量与时长。采样结束后,按步骤2所述方法称量保存滤膜。从采样杯中取出聚氨酯泡沫体,使用锡纸包裹,密封冷冻保存。

五、数据处理

采样后按步骤1进行滤膜样品称量分析,$PM_{2.5}$、PM_5和PM_{10}浓度按式(1-1)计算:

$$\rho = \frac{m_2 - m_1}{V} \times 1000 \tag{1-1}$$

式中：ρ ——$PM_{2.5}$、PM_5 和 PM_{10} 浓度，$\mu g/m^3$；

m_2——采样后滤膜质量，mg；

m_1——采样前滤膜质量，mg；

V ——大气采样体积，m^3。

根据实验结果，计算大气中各粒径颗粒物的浓度，通过比较分析大气中不同粒径颗粒物的分布规律。观察采样前后聚氨酯泡沫体颜色的变化，并分析原因。

六、注意事项

1. 如需采集大气气相样本，需要使用配备了气相采集模块的大气采样器。采集 $PM_{2.5}$、PM_5 和 PM_{10} 时，将采样流速设置至规定流速，采样过程中流速需保持恒定，否则采样无效。

2. 滤膜使用前均需进行检查，不得有针孔或任何缺陷。滤膜称量时要消除静电的影响。

3. 要经常检查采样头是否漏气。当滤膜安放正确、采样系统无漏气时，采样后滤膜上的颗粒物与四周白边之间界限应清晰，如出现界线模糊，则表明应更换滤膜密封垫。

4. 当 $PM_{2.5}$、PM_5 和 PM_{10} 浓度很低时，采样时间不能过短。感量为 0.1 mg 和 0.01 mg 的分析天平，滤膜上颗粒物负载量应分别大于 1 mg 和 0.1 mg，以减少称量误差。

七、思考题

1. 大气颗粒物采样切割头的原理和主要类型有哪些？

2. 城市大气颗粒物的主要来源有哪些？

3. 同时采集大气颗粒相和气相样本的意义是什么？

实验二 大气颗粒物中水溶性阴离子组成特征分析

随着我国工业化、城市化以及汽车工业的迅速发展，由化石燃料燃烧、汽车尾气、工业废气直接排放的气溶胶粒子和气态污染物加剧了环境中大气颗粒物的污染，也对人体健康构成了危害。水溶性阴离子是大气颗粒物的重要组成部分，对其浓度进行分析将有助于了解大气污染程度。同时，大气颗粒物中水溶性阴离子组分的变化特征还可用于大气颗粒物组分和来源的识别，可为合理有效地控制大气颗粒物污染提供数据依据。

一、实验目的

1. 了解离子色谱仪的原理与操作方法。
2. 掌握离子色谱仪测定常见阴离子的方法。
3. 了解大气颗粒物中水溶性阴离子的组成特征。

二、实验原理

大气颗粒物上的水溶性阴离子能够被超纯水有效提取，提取液中的阴离子随淋洗液进入阴离子分离柱，经阴离子色谱柱交换分离后，用抑制型电导检测器检测。最后根据相对保留时间对阴离子定性，根据峰面积或峰高定量。

三、仪器与材料

1. 仪器

离子色谱仪、阴离子分离柱、阴离子保护柱、0.45 μm 针筒式微孔滤膜过滤器、超声波清洗器。

2. 材料

氟化钠、氯化钠、溴化钾、硝酸钾、磷酸二氢钾、无水硫酸钠、碳酸钠（均为优级纯），使用前应于 105 ℃下干燥恒重，然后置于干燥器中保存。

亚硝酸钠、亚硫酸钠、碳酸氢钠（均为优级纯），使用前应置于干燥器中平衡 24 h。

浓度为 1000 mg/L 氟离子（F^-）、氯离子（Cl^-）、溴离子（Br^-）、亚硝酸根（NO_2^-）、硝酸根（NO_3^-）、磷酸根（PO_4^{3-}）、硫酸根（SO_4^{2-}）标准贮备液：分别准确称取 2.2100 g 氟化钠、1.6485 g 氯化钠、1.4875 g 溴化钾、1.4997 g 亚硝酸钠、1.6304 g 硝酸钾、1.4316 g 磷酸二氢钾、1.4792 g 无水硫酸钠，溶于适量水中，然后分别转入 1000 mL 容量瓶中，用水稀释定容至标线，混匀。分别转移至聚乙烯塑料瓶中，于 4 ℃以下冷藏、避光和密封可保存 6 个月。

浓度为 1000 mg/L 亚硫酸根（SO_3^{2-}）标准贮备液：准确称取 1.5750 g 亚硫酸钠溶于适量水中，全量转入 1000 mL 容量瓶中，加入 1 mL 甲醛进行固定（为防止 SO_3^{2-} 氧化），用水稀释定容至标线，混匀。转移至聚乙烯塑料瓶中，于 4 ℃以下冷藏、避光和密封可保存 1 个月。

混合标准使用液：分别移取 10.0 mL 氟离子标准贮备液、100.0 mL 氯离子标准贮备液、10.0 mL 溴离子标准贮备液、10.0 mL 亚硝酸根标准贮备液、100.0 mL 硝酸根标准贮备液、50.0 mL 磷酸根标准贮备液、50.0 mL 亚硫酸根标准贮备液、200.0 mL 硫酸根标准贮备液于 1000 mL 容量瓶中，用水稀释定容至标线，混匀。配制成每升含有 10 mg 的 F^-、100 mg 的 Cl^-、10 mg 的 Br^-、10 mg 的 NO_2^-、100 mg 的 NO_3^-、50 mg 的 PO_4^{3-}、50 mg 的 SO_3^{2-} 和 200 mg 的 SO_4^{2-} 的混合标准使用液。

淋洗贮备液：称取 26.49 g 碳酸钠（优级纯）和 21.00 g 碳酸氢钠（优级纯）溶于适量水中，分别转入 500 mL 容量瓶中，用水定容至标线，得到浓度为 0.5 mol/L 碳酸钠和浓度为 0.5 mol/L 碳酸氢钠淋洗贮备液，贮存于聚乙烯塑料瓶中，于冰箱内保存。

淋洗使用液：分别吸取 9 mL 浓度为 0.5 mol/L 的碳酸钠、1.6 mL 浓度为 0.5 mol/L 的碳酸氢钠淋洗贮备液于 1000 mL 容量瓶中，用水定容至标线，混匀，用 0.45 μm 水系过滤膜过滤即得淋洗使用液（4.5 mmol/L 的 Na_2CO_3，0.8 mmol/L 的 $NaHCO_3$），贮存于聚乙烯塑料瓶中。

以上阴离子贮备液亦可购买市售有证标准溶液，实验用水为电阻率大于 18 MΩ · cm（25 ℃）、并经过 0.45 μm 微孔滤膜过滤的超纯水。

四、实验步骤

1. 大气颗粒物样本采集

按实验一所述方法采集环境大气中粒径小于 2.5 μm 或 10 μm 的颗粒物（$PM_{2.5}$、PM_{10}），采样体积不小于 60 m^3，置于干燥器中密封保存，7 d 内完成测定。

2. 大气颗粒物中阴离子的提取

将大气颗粒物滤膜样品放入 250 mL 锥形瓶中，加入 100.0 mL 水浸没滤膜，加塞浸泡 30 min 后，置于超声波清洗器中超声提取 20 min。提取液用带有水系微孔滤膜针筒过滤器的一次性注射器手动进样测定。

将空白滤膜（与样品采集使用的同一批次）带至采样现场，不采集颗粒物样品，与样品一起带回实验室，按照与样本相同的方法进行处理，作为空白样本。

3. 大气颗粒物中阴离子的测定

（1）离子色谱分析条件：淋洗使用液（浓度为 4.5 mmol/L 的 Na_2CO_3，浓度为 0.8 mmol/L 的 $NaHCO_3$），流速为 1.0 mL/min，抑制型电导检测器，进样量为 10 μL。

（2）校准曲线绘制

分别准确移取 0.00 mL、1.00 mL、2.00 mL、5.00 mL、10.0 mL、20.0 mL 混合标准使用液置于一组 100 mL 容量瓶中，用超纯水定容至标线，混匀。配制成 6 个不同浓度的混合标准系列，阴离子标准系列浓度见表 2-1。可根据被测样品的浓度确定合适的标准系列浓度范围。按样品浓度由低到高的顺序依次注入离子色谱仪中，记录峰面积（或峰高）。以各阴离子的质量浓度为横坐标，峰面积（或峰高）为纵坐标，绘制校准曲线。

表 2-1 阴离子标准系列浓度 单位：mg/L

阴离子	标准系列浓度					
F^-	0.00	0.10	0.20	0.50	1.00	2.00
Cl^-	0.00	1.00	2.00	5.00	10.0	20.0
Br^-	0.00	0.10	0.20	0.50	1.00	2.00
NO_2^-	0.00	0.10	0.20	0.50	1.00	2.00

续表

阴离子	标准系列浓度					
NO_3^-	0.00	1.00	2.00	5.00	10.0	20.0
PO_4^{3-}	0.00	0.50	1.00	2.50	5.00	10.0
SO_3^{2-}	0.00	0.50	1.00	2.50	5.00	10.0
SO_4^{2-}	0.00	2.00	4.00	10.0	20.0	40.0

(3) 样本测定

按照与绘制校准曲线相同的色谱条件和步骤，将空白样本和样本注入离子色谱仪中测定阴离子浓度，以保留时间定性、仪器响应值定量。

五、数据处理

1. 水溶性阴离子浓度计算

大气颗粒物中水溶性阴离子（F^-、Cl^-、Br^-、NO_2^-、NO_3^-、PO_4^{3-}、SO_3^{2-}、SO_4^{2-}）的质量浓度（C，$\mu g/m^3$）按式(2-1)计算：

$$C=\frac{(C_1-C_0)\times V\times 1000}{V_a} \tag{2-1}$$

式中：C——大气颗粒物样本中阴离子质量浓度，$\mu g/m^3$；

C_1——样本提取液中阴离子质量浓度，mg/L；

C_0——空白提取液中阴离子质量浓度，mg/L；

V——提取液体积，0.1 L；

V_a——大气采样体积，m^3。

2. 大气颗粒物中水溶性阴离子分布特征分析

基于大气颗粒物中各水溶性阴离子的浓度，绘制分析各阴离子质量的占比图，找出贡献最大的阴离子。计算大气颗粒物中 NO_3^- 与 SO_4^{2-} 间的质量比，初步判断燃煤和汽车尾气对大气中 SO_2 和 NO_x 的贡献量大小。

六、注意事项

1. 若待测阴离子的浓度超出校准曲线，则待测样本与实验室空白样本应稀释相同倍数后再测定，记录稀释倍数。
2. 空白样本结果应低于方法检出下限，否则需查找原因，直至合格才能测定样本。
3. 大气总悬浮颗粒物样本也可以用于本次实验。

七、思考题

1. 为什么阴离子贮备液和淋洗液需要转移至聚乙烯塑料瓶中贮存？
2. 为什么 NO_3^- 与 SO_4^{2-} 间的质量比可用于大气中 SO_2 和 NO_x 来源的解析？

实验三 大气环境中长链($C_8 \sim C_{40}$)正构烷烃浓度水平与昼夜变化规律

正构烷烃(*n*-alkanes)是大气细颗粒物($PM_{2.5}$)中一类重要的有机污染物,来源于机动车尾气和化石燃料燃烧等人为因素排放以及陆生植物的生物源释放。长链($C_8 \sim C_{40}$)正构烷烃因具有较低的饱和蒸气压更易分布于颗粒物中,是环境中二次有机气溶胶(secondary organic aerosol,SOA)的重要前体。长链正构烷烃对环境中颗粒物的形成有重要影响,其来源、浓度水平和变化规律值得关注。

一、实验目的

1. 掌握颗粒物中 $C_8 \sim C_{40}$ 正构烷烃的提取与浓缩方法。

2. 掌握 $C_8 \sim C_{40}$ 正构烷烃的测定方法,分析颗粒物中长链正构烷烃的昼夜变化规律。

二、实验原理

烃类化合物是大气环境中广泛存在的挥发性有机化合物(volatile organic compounds,VOCs),经常参与大气化学反应,是部分大气有机污染物的前体。长链正构烷烃类化合物稳定性较好,通常会通过吸附在颗粒物上而在大气环境中稳定存在,对区域环境产生影响。

$C_8 \sim C_{40}$ 正构烷烃类化合物在大气环境中的含量处于微量至痕量水平,首先需要将大体积环境空气中的颗粒物进行富集,再将其从颗粒物中提取出来,才能实现对其含量的准确测定。为了探究大气环境中正构烷烃的昼夜变化规律,需要分昼夜进行采样。本实验利用外标法测定颗粒物中 $C_8 \sim C_{40}$ 正构烷烃的含量,通过绘制校准曲线,计算出 $C_8 \sim C_{40}$ 正构烷烃的含量。结合采样体积,换算得到颗粒物中 $C_8 \sim C_{40}$ 正构烷烃的浓度。

三、仪器与材料

1. 仪器

大气颗粒物采样器、离心机、超声波清洗仪、气相色谱-质谱联用仪、旋转蒸发仪、氮气吹干仪、离心机、玻璃纤维滤膜、分析天平、万分之一分析天平、移液枪。

2. 材料

(1) 二氯甲烷(农残级)、正己烷(农残级)、甲醇(分析纯)、丙酮(分析纯)、二氯甲烷(分析纯)。

(2) $C_8 \sim C_{40}$ 正构烷烃标准溶液:含正辛烷(C_8)至正四十烷(C_{40})33 种正构烷烃单体,各单体浓度均为 500 μg/mL。

四、实验步骤

1. 颗粒物样品采集

按实验一所述方法分昼夜分别采集大气颗粒物样本。白天采样时段在当日日出后至日落前，晚上采样时段在日落后至第二天日出前，昼夜采样时间不小于 8 h。

2. 样品提取

将采样后的滤膜剪碎置入 15 mL 离心管中，加入农残级二氯甲烷溶液至 15 mL，超声提取 15 min，3000 r/min 离心 5 min，将上层清液转移至茄形瓶中。重复萃取 3 次。合并萃取液，利用旋转蒸发仪将萃取液浓缩至 1～2 mL，将浓缩液转移至洁净的离心管中，用少量正己烷润洗茄形瓶 2 次，润洗液合并加入离心管中。离心管中溶液用氮气吹干仪浓缩至约 100 μL，转移至进样瓶中，用少量正己烷润洗离心管 2 次，润洗液合并加入进样瓶中，用氮气吹干仪定容至 100 μL，待仪器测定。

3. 校准曲线绘制

移取正构烷烃标准溶液 100 μL，放至 10 mL 容量瓶中，用正己烷定容至标线，得到浓度为 5 μg/mL 的标准溶液。分别移取该溶液 2000 μL、400 μL、100 μL、20 μL，放至 10 mL 容量瓶中，用正己烷定容至标线，得到浓度为 1 μg/mL、0.2 μg/mL、0.05 μg/mL、0.01 μg/mL 的校准曲线溶液。利用气相色谱-质谱联用仪测定 0.01～5 μg/mL 系列标准溶液，记录各浓度梯度溶液中 C_8～C_{40} 正构烷烃单体的峰面积，记为 A。以峰面积为横坐标、浓度为纵坐标，绘制各正构烷烃单体校准曲线。

气相色谱条件：DB-5M 毛细色谱柱（30 m×0.25 mm×0.1 μm），不分流进样模式，进样量为 1.0 μL，进样口温度为 290 ℃，高纯氦气作为载气，柱流速为 1.0 mL/min。

程序升温条件：初始温度 80 ℃，保持 2 min，以 10 ℃/min 的升温速率升至 200 ℃，再以 15 ℃/min 的升温速率升至 300 ℃，保持 30 min。

质谱条件：EI 源，选择离子检测模式，离子源温度为 230 ℃。选择离子 $[CH_3(CH_2)_5]^+$ ($m/z=85$) 和 $[CH_3(CH_2)_7]^+$ ($m/z=113$) 作为各正构烷烃单体的定性和定量离子。

4. 样品测定

运用气相色谱-质谱联用仪测定样品中各正构烷烃单体含量，记录 C_8～C_{40} 各正构烷烃单体的峰面积。

五、数据分析

将样品中各正构烷烃单体的峰面积代入对应校准曲线，计算得到样品中目标物的浓度 C_i，按式(3-1)分别计算大气颗粒物中正构烷烃的质量浓度：

$$C_{质量} = \frac{C_i \times V_{进样}}{V_{大气}} \times 1\,000 \tag{3-1}$$

式中：$C_{质量}$——大气颗粒物中各正构烷烃单体的质量浓度，ng/m^3；

C_i——进样溶液中各正构烷烃单体的浓度，μg/mL；

$V_{进样}$——进样溶液定容体积，0.1 mL；

$V_{大气}$——大气采样体积，m^3。

对比昼夜样品中各正构烷烃单体浓度，分析其昼夜变化规律。

六、注意事项

1. 为求得正构烷烃准确的质量浓度，采样前后，需要将滤膜恒重并精确称量其质量。
2. 实验所用的玻璃仪器在使用前需要使用去污粉清洗干净，烘干后使用甲醇、丙酮和二氯甲烷分析纯依次进行润洗。

3. 由于本实验采用外标法,样品最终定容体积需准确。

七、思考题

1. 哪些因素会影响外标法定量的准确性?

2. 大气颗粒物中正构烷烃的分布特征是什么?

实验四　颗粒物吸附挥发性甲基硅氧烷的机理研究

大气颗粒物可由自然过程和人类活动产生，包括沙尘暴、海水蒸发、野火和火山活动，以及生物燃烧、化石燃料燃烧等。大气气相中的挥发性或半挥发性有机污染物能够通过气粒分配转移吸附至大气颗粒物上。吸附(adsorption)是气体分子在颗粒物固体表面发生相对聚集现象，其中被吸附的气体称为吸附质(adsorbate)，起吸附作用的固体称为吸附剂(adsorbent)。按吸附剂和吸附质分子之间作用力的不同，吸附可分为物理吸附和化学吸附。物理吸附和化学吸附可同时发生，有时候可连续进行，在适当条件下还可互相转化。在温度及压强一定的条件下，当吸附速率等于解吸速率时，吸附达到平衡状态，此时吸附在颗粒物表面上的污染物的量不再随时间发生变化，这是一个动态平衡的过程。被吸附的大气污染物能够与颗粒物表面的其他化合物发生非均相反应以及与其他挥发性化合物发生相互作用产生新的污染物质，进而对大气环境和人类造成新的污染问题与健康风险。因此，污染物在大气颗粒物上的吸附机理将直接影响其大气化学过程以及环境风险。

一、实验目的

1. 学习颗粒物吸附挥发性有机污染物的吸附动力学模型和吸附热力学模型的原理以及测定方法。

2. 了解气相色谱-质谱法原理及内标法定量污染物浓度的计算方法。

二、实验原理

挥发性甲基硅氧烷(volatile methyl siloxanes，VMSs)是以硅氧键(-Si-O-Si-)为主链组成的一类有机硅化合物，包括环形甲基硅氧烷(cyclic VMSs，cVMSs)和线形甲基硅氧烷(linear VMSs，lVMSs)。由于具有良好的疏水性、润滑性和热稳定性，并且能够适应各种形态变化，VMSs被广泛生产并大量地应用于个人消费品和工业产品中。目前已有许多研究表明cVMSs中的八甲基环四硅氧烷(D4)和环五聚二甲基硅氧烷(D5)具有持久性、长距离迁移性和生物累积性，并主要存在于大气气相和颗粒相中。

挥发性有机物通常使用气相色谱-质谱联用仪进行分析测定。气相色谱对有机化合物具有有效的分离、分辨能力，而质谱能准确地鉴定化合物。

本实验利用流动管反应装置模拟研究cVMSs在大气环境中吸附在颗粒物表面的过程，运用气相色谱-质谱联用仪测定模拟实验中颗粒物表面cVMSs的浓度，进而计算动力学和热力学参数，探究其吸附机理。

三、仪器与材料

1. 仪器

自主搭建的石英流动管反应装置(图4-1)、气体质量流量计、温度湿度控制器、循环冷水机、恒温水浴锅、气相色谱-质谱联用仪、移液枪、电子天平、离心机、离心管、超声萃取仪、氮气吹干仪。

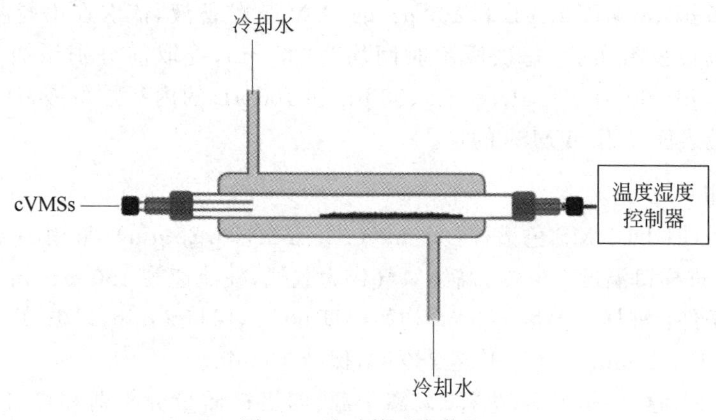

图 4-1　流动管反应装置

2. 材料

(1) cVMSs 贮备液：含八甲基环四硅氧烷(D4)、环五聚二甲基硅氧烷(D5)、十二甲基环六硅氧烷(D6)，纯度均大于 98%，浓度均为 1 mg/L。

(2) cVMSs 内标贮备液：含$^{13}C_8$-D4、$^{13}C_{10}$-D5 和$^{13}C_6$-D6，纯度均大于 98%，浓度均为 1 mg/L。

(3) 商用天然气槽法燃烧产生的黑碳颗粒物(炭黑颗粒)。

(4) 正己烷、乙酸乙酯。

(5) 高纯氦气和氮气。

四、实验步骤

1. 饱和吸附量和吸附动力学机理

首先，为探知吸附的饱和时间及 cVMSs 饱和吸附量，控制 cVMSs 的初始浓度、湿度和温度。在相同的初始浓度、温度(293 K)和相对湿度(RH=0)条件下，以 30 min 为一个实验周期，每隔 3 min 取出炭黑颗粒进行处理，测定其中的 cVMSs 浓度，确定吸附的饱和时间和饱和吸附量。

(1) 用电子天平称取 10 mg 炭黑颗粒，均匀平铺在石英舟表面，放入流动管反应装置内。

(2) 当流动管反应装置内温度、湿度稳定后，用移液枪向装置口注入 100 μL 的 cVMSs 贮备液，之后按照上述过程进行模拟实验。

(3) 将反应完成的石英舟取出，并将其放入离心管中，添加 100 μL 的 cVMSs 内标贮备液，加入 10 mL 的乙酸乙酯/正己烷混合溶剂(体积比 1∶1)，在冰水浴中超声提取 20 min；之后将混合物在 3500 r/min 下离心 10 min，把上层提取液转移至玻璃管中；每一个样品均重复提取 3 次，将提取液合并，用氮气吹干仪浓缩至 1 mL，转移至气相色谱进样瓶中，运用气相色谱-质谱联用仪分析；计算得到每次模拟实验炭黑颗粒表面吸附 cVMSs 的量。

(4) 在上述相同的时间间隔和湿度下，改变温度(303 K 和 313 K)重复进行吸附实验，测定炭黑颗粒中 cVMSs 的浓度，计算得到每次模拟实验炭黑颗粒表面吸附 cVMSs 的量。

2. 吸附热力学机理

参考第 1 步中的方法，改变 cVMSs 的初始浓度，分别注入 10 μL、20 μL、30 μL、40 μL、

50 μL、60 μL、70 μL、80 μL、90 μL 和 100 μL 的 cVMSs 贮备液，依次在不同温度下(293 K、303 K、313 K)进行吸附实验，每次吸附时间均为 30 min，提取前分别添加 10 μL、20 μL、30 μL、40 μL、50 μL、60 μL、70 μL、80 μL、90 μL 和 100 μL 的内标贮备液，计算得到每次模拟实验炭黑颗粒表面吸附 cVMSs 的量。

3. 仪器分析

气相色谱条件：DB5-MS 色谱柱(30 m×0.25 mm×0.25 μm)，采用不分流进样模式，进样量 2.0 μL，进样口温度 290 ℃，高纯氦气作为载气，柱流速为 1.0 mL/min。

程序升温条件：进样口温度 200 ℃，初始温度 60 ℃，保持 2 min，以 10 ℃/min 的速率升至 200 ℃，再以 15 ℃/min 的速率升至 280 ℃，保持 10 min。

质谱条件：EI 源，气相色谱(进样口、离子源、四极杆质量分析器和接口的温度分别为 200 ℃、230 ℃、150 ℃和 280 ℃。)选择离子 $m/z=133$、$m/z=265$ 和 $m/z=281$ 作为 D4 的定性和定量离子，选择离子 $m/z=73$、$m/z=355$ 和 $m/z=267$ 作为 D5 的定性和定量离子，选择离子 $m/z=73$、$m/z=341$ 和 $m/z=429$ 作为 D6 的定性和定量离子。

五、数据分析

1. 气相色谱-质谱联用仪检测数据分析

移取 cVMSs 贮备液和内标贮备液各 100 μL 至进样瓶中，运用气相色谱-质谱联用仪测定，按式(4-1)计算获得 cVMSs 的定量校正因子 k：

$$\frac{C_i}{C_s}=k\,\frac{A_i}{A_s} \tag{4-1}$$

式中：k——目标化合物定量校正因子；

C_i——cVMSs 贮备液浓度，1 mg/L；

C_s——cVMSs 内标贮备液浓度，1 mg/L；

A_i——目标化合物峰面积；

A_s——目标化合物内标样峰面积。

由于 C_i、C_s 均为 1 mg/L，所以

$$k=\frac{A_s}{A_i} \tag{4-2}$$

运用气相色谱-质谱联用仪对样品中 cVMSs 进行检测，并按式(4-3)对炭黑颗粒表面 cVMSs 的浓度($C_{样}$)进行计算：

$$C_{样}=k\times\frac{A_{样i}}{A_{样s}}\times C_{标} \tag{4-3}$$

式中：$C_{样}$——待测化合物浓度，mg/L；

$C_{标}$——内标化合物添加浓度，1 mg/L；

$A_{样i}$——样品中待测化合物峰面积；

$A_{样s}$——样品中内标化合物峰面积。

2. 吸附动力学模型

采用两种动力学模型来拟合炭黑颗粒吸附 cVMSs 的实验数据，以确定可以描述该吸附行为的最佳动力学模型。两种模型分别为：准一级动力学模型和准二级动力学模型。模

型介绍具体如下：

准一级动力学模型：

$$\frac{\mathrm{d}q_t}{\mathrm{d}t}=k_1(q_e-q_t) \tag{4-4}$$

式中：q_e——平衡时的吸附量，μg/g；

q_t——t 时刻的吸附量，μg/g；

k_1——速率常数，1/min。

当 $t=0, q_t=0$ 时，

$$\ln(q_e-q_t)=\ln q_e-k_1 t \tag{4-5}$$

准二级动力学模型：

$$\frac{\mathrm{d}q_t}{\mathrm{d}t}=k_2(q_e-q_t)^2 \tag{4-6}$$

式中：k_2——速率常数，g/(μg·min)。

当 $t=0, q_t=0$ 时，

$$\frac{1}{(q_e-q_t)}=\frac{1}{q_e}+k_2 t \tag{4-7}$$

基于吸附实验数据，可以计算出三个不同温度下两种动力学方程的参数。在此基础上，利用上述两类吸附动力学方程进行拟合作图，得到炭黑颗粒吸附 cVMSs 的动力学曲线。

3. 吸附热力学模型

采用两种热力学模型来拟合炭黑颗粒吸附 cVMSs 的实验数据，两种模型分别为 Langmuir 模型和 Freundlich 模型。模型介绍具体如下：

Langmuir 等温吸附线表示如下：

$$Q_e=\frac{Q_m k_L C_e}{1+k_L C_e} \tag{4-8}$$

式中：Q_e——炭黑颗粒吸附 cVMSs 的量，μg/g；

Q_m——饱和单层吸附化学当量容量，μg/g；

C_e——反应装置内部空气中 cVMSs 的含量，μg/L；

k_L——吸附平衡常数。

线性 Langmuir 等温公式可以表示为

$$\frac{1}{Q_e}=\frac{1}{Q_m}+\frac{1}{Q_m k_L C_e} \tag{4-9}$$

吸附实验所获得的数据对于 Langmuir 等温吸附模型的适用性可以通过 $1/Q_e$ 和 $1/C_e$ 的线性关系来检验，其中 Q_m 和 k_L 可以通过直线的截距和斜率计算得到。

Freundlich 等温公式为：

$$Q_e=k_F C_e^{\frac{1}{n}} \tag{4-10}$$

式中：Q_e——炭黑颗粒吸附 cVMSs 的量，μg/g；

C_e——反应装置内部空气中 cVMSs 的含量，μg/cm^3；

k_F——吸附平衡常数；

n——吸附力常数。

线性 Freundlich 等温公式可以表示为

$$\log Q_e = \frac{1}{n}\log C_e + \log k_F \tag{4-11}$$

根据 $\log Q_e$ 和 $\log C_e$ 的线性关系，可以检验 Freundlich 等温吸附模型的适用性，同时可以确定相关的吸附常数 k_F 和 n。

通过式(4-12)计算得到吸附过程的热力学参数：

$$\ln k = \frac{\Delta S^0}{R} - \frac{\Delta H^0}{RT} \tag{4-12}$$

式中：k——吸附的条件平衡常数；

ΔS^0——标准熵变，J/(mol·K)；

ΔH^0——标准焓变，kJ/mol；

T——绝对温度，K；

R——气体常数，8.314 J/(mol·K)。

通过 $\ln k$ 和 $1/T$ 的线性回归分析可以由直线的截距和斜率计算得到 ΔS^0 和 ΔH^0。吸附反应的标准 Gibbs 自由能 ΔG^0(kJ/mol)可以通过式(4-13)计算：

$$\Delta G^0 = \Delta H^0 - T\Delta S^0 \tag{4-13}$$

根据热力学 ΔG^0、ΔH^0 和 ΔS^0 的计算结果，可以得到该吸附行为的特征。

六、注意事项

1. 由于 cVMSs 广泛存在于环境中，为了保证实验测量结果的可靠性，实验过程中采用以下措施：①所有实验人员禁止使用任何含有甲基硅氧烷的个人护理品；②所有玻璃仪器均需在 300 ℃下烘烤 4 h，并在使用前用正己烷清洗。

2. 炭黑颗粒质量非常轻，在拿取过程中一定要轻拿轻放。

七、思考题

1. 为什么用气相色谱-质谱联用仪测定 cVMSs 时要加入内标贮备液？

2. 计算炭黑颗粒吸附 cVMSs 过程热力学 ΔG^0、ΔH^0 和 ΔS^0 的值，并对该吸附过程进行描述。

实验五　城市大气中多环芳烃的粒径分布规律与日呼吸暴露剂量

多环芳烃(polycyclic aromatic hydrocarbons,PAHs)是环境中普遍存在的一类半挥发性有机污染物,很多PAHs单体具有致畸、致癌、致突变的效应。在大气环境中,颗粒物是有机污染物赋存和迁移的重要载体。大气颗粒物的行为属性主要取决于其粒径的大小,许多重要的环境化学过程均受颗粒物粒径的影响,如干湿沉降和远距离传输等。所以,研究大气颗粒物中PAHs的粒径分布特征对了解其在大气环境中的行为至关重要。同时,人体可吸入大气颗粒物取决于其粒径的大小,所以不同粒径颗粒物中的PAHs含量对准确评估人体呼吸暴露风险也必不可少。

一、实验目的

1. 掌握大气颗粒物中痕量污染物PAHs的提取与净化方法。
2. 学习运用内标法测定大气颗粒物中PAHs的浓度。
3. 了解人体日呼吸暴露大气中PAHs剂量的方法。

二、实验原理

PAHs在城市大气中的含量处于痕量水平,无法直接进行测定。本实验首先运用大气采样器收集空气中不同粒径颗粒物样本,然后利用超声波萃取法对吸附在颗粒物中的PAHs进行有效提取,运用固相萃取法净化,采用旋转蒸发仪和氮气吹干仪对样品中的PAHs进行浓缩。然后,使用气相色谱-质谱联用仪对颗粒物中PAHs进行分离和定性,并结合内标法对其进行准确的定量。最后,基于各粒径段颗粒物中PAHs的浓度,分析大气环境中PAHs的粒径分布规律,计算人体对PAHs的日呼吸暴露剂量。

三、仪器与材料

1. 仪器

大气颗粒物采集器(配备$PM_{2.5}$、PM_5和PM_{10}采样头)、旋转蒸发仪、气相色谱-质谱联用仪、固相萃取仪、氮气吹干仪、超声波清洗器、烘箱。

2. 材料

(1) 二氯甲烷、正己烷和丙酮(农残级)。

(2) 16种优控PAHs系列校准溶液(详见附录一)。

(3) 氘代PAHs内标混合溶液(15种PAHs单体,浓度均为1 μg/mL)(详见附录一)。

(4) C18-SPE固相萃取柱(500 mg,6 mL)

四、实验步骤

1. 样品采集

按实验一所述方法采集大气中不同粒径颗粒物($PM_{2.5}$、PM_5和PM_{10})样本,记录采样体积，密封于−18 ℃冰箱中保存。

将空白滤膜（与样品采集使用的同一批次）带至采样现场，不采集颗粒物样品，与样品一起带回实验室，按照与样本相同的方法进行处理，作为空白样本。

2. 样品提取

将采集了各粒径颗粒物（$PM_{2.5}$、PM_5、PM_{10}）的滤膜剪碎置于锥形瓶中，加入 50 ng PAHs 氘代内标溶液。往锥形瓶中加入适量丙酮/正己烷（体积比 1∶1）提取液，液面没过滤膜，置于超声波清洗仪中超声萃取 10 min，将提取液转移至茄形瓶中，重复超声萃取三次。合并萃取液，并利用旋转蒸发仪浓缩至 1～2 mL。

3. 样品净化

将 C18-SPE 固相萃取柱安装至固相萃取装置上，添加 5 mL 正己烷活化 C18-SPE 固相萃取柱，流出液弃去，待液面将干时，添加浓缩后的萃取液至固相萃取柱，同时开始收集流出液，使用 1 mL 正己烷润洗茄形瓶两次，添加至固相萃取柱，待液面将干时，用 8 mL 正己烷/二氯甲烷（体积比 1∶1）洗脱，继续收集流出液。将收集的流出液用氮气吹干仪浓缩，转移至进样小瓶中，定容至 1 mL 待仪器测定。

4. 校准曲线绘制

移取 PAHs 不同浓度梯度校准曲线溶液（附表 1-1）至进样瓶中，运用气相色谱-质谱联用仪测定，记录各浓度梯度溶液中目标化合物和氘代内标定量离子的峰面积。结合各浓度梯度溶液中目标化合物和氘代内标定量离子的浓度，依据目标化合物相对于内标化合物的响应，按式（5-1）绘制校准曲线，得到校准系数 k 和常数 b。

$$\frac{C_n}{C_i}=k\frac{A'_n}{A'_i}+b \tag{5-1}$$

式中：C_n——校准曲线中目标化合物的浓度，ng/mL；

C_i——校准曲线中内标化合物的浓度，ng/mL；

A'_n——校准曲线中目标化合物定量离子的峰面积；

A'_i——校准曲线中内标化合物定量离子的峰面积。

由于目标化合物与氘代内标化合物存在于同一溶液中，体积相同，所以其浓度之比等于其质量之比，那么校准曲线方程亦可表示如下：

$$\frac{m'_n}{m'_i}=k\frac{A'_n}{A'_i}+b \tag{5-2}$$

式中：m'_n——校准曲线中目标化合物的质量，ng；

m'_i——校准曲线中内标化合物的质量，ng。

色谱条件：DB-5MS 毛细管色谱柱（30 m×0.25 mm×0.25 μm），采用不分流进样模式，高纯氦气作为载气，设定流速为 1.0 mL/min。

柱温箱升温程序：初始温度为 50 ℃，保持 3 min；以 10 ℃/min 的速率升至 220 ℃；以 5 ℃/min 的速率升至 290 ℃，保持 10 min。

质谱条件：采用 EI 电离模式，离子源温度为 230 ℃，采用选择离子监测模式，定量离子详见附表 1-2。

5. 样品测定

利用气相色谱-质谱联用仪对样品中的 PAHs 含量进行测定，记录样品中目标化合物及内标化合物的峰面积。

五、数据处理

1. PAHs 浓度计算

根据校准曲线方程、采样体积和内标化合物加入量，按式(5-3)计算大气颗粒物样本中 PAHs 的浓度。

$$C_s=\left(k\frac{A_n}{A_i}+b\right)\times\frac{m_i}{V} \tag{5-3}$$

式中：C_s——样品中 PAHs 的浓度，ng/m^3；

A_n——样品中目标化合物定量离子的峰面积；

A_i——样品中内标化合物定量离子的峰面积；

m_i——样品中内标化合物加入量，ng；

V——样品采样体积，m^3。

2. 日呼吸暴露剂量

依据测定结果，将颗粒物样本中 PAHs 的浓度转换为相当于苯并[a]芘的浓度(转换系数见附表 1-3)。然后，按式(5-4)评估人体日呼吸暴露大气颗粒物中 PAHs 的剂量：

$$\mathrm{ID}=\frac{\rho'\times I\times T}{\mathrm{BW}} \tag{5-4}$$

式中：ID——人体日呼吸暴露剂量，ng·TEQ/(kg·d)；

ρ'——大气颗粒物中 PAHs 浓度转换为苯并[a]芘后的总浓度，ng/m^3；

I——人体呼吸速率，$1.3\ m^3/h$；

T——日暴露时间，24 h/d；

BW——体重，60 kg。

六、注意事项

1. 对滤膜进行实验操作时，要用镊子夹取，防止滤膜被污染。
2. 旋转蒸发时要注意水浴温度不宜过高，防止提取液沸腾，切记不能蒸干。
3. 所有玻璃仪器必须清洗干净，防止室内灰尘的影响。
4. 空白样本中 PAHs 的含量应低于样本中的 5%，否则应进行空白校正。

七、思考题

1. 为什么内标法能够更准确地测定环境中痕量污染物的浓度？
2. 样品净化时，为什么 C18-SPE 固相萃取柱的液面将干时才加入样品浓缩液或洗脱溶液？

实验六　大气中多环芳烃的气粒分配规律

大气中半挥发性有机污染物(SVOCs)既可能以气态存在,也可能吸附在气溶胶颗粒表面或吸收到气溶胶颗粒主体中。SVOCs在气相和颗粒相之间的传质与分布称为气粒分配。气粒分配是影响SVOCs在大气中传输、迁移和化学转化的主要因素,并且与SVOCs的环境健康效应影响密切相关。多环芳烃(polycyclic aromatic hydrocarbons,PAHs)是典型的SVOCs,且在环境中广泛存在。PAHs具有"三致效应",大气中PAHs可通过呼吸、皮肤接触等途径进入人体,对人体健康构成危害。因此,分析大气中PAHs的气粒分配具有重要意义。

一、实验目的

1. 掌握大气气相和颗粒相中PAHs的提取方法。
2. 熟悉气相色谱-质谱联用仪测定PAHs的方法。
3. 分析PAHs在大气气相和颗粒相中的分布规律。

二、实验原理

一些有机污染物具有半挥发性,它们在大气中既存在于颗粒物中,同时又存在于气相中。所以,研究这类化合物的时候,需要同时对大气气相和颗粒相进行采集。化合物在大气气相和颗粒相之间的转化,通常可以用该化合物在一定温度下的气-粒分配系数K_P($m^3/\mu g$)来描述:

$$K_P=\frac{F/C_{TSP}}{A} \tag{6-1}$$

式中:A——化合物在气相中的浓度,$\mu g/m^3$;

F——化合物在颗粒相中的浓度,$\mu g/m^3$;

C_{TSP}——空气中总悬浮颗粒物的浓度,$\mu g/m^3$。

三、仪器与材料

1. 仪器

大气采样器(配备气相和颗粒相采集模块)、超声波清洗器、旋转蒸发仪、氮气吹干仪、气相色谱-质谱联用仪、固相萃取仪。

2. 材料

石英滤膜、聚氨酯泡沫、正己烷(农残级)、二氯甲烷(农残级)、无水硫酸钠(优级纯)、甲醇(分析纯)、丙酮(分析纯)、二氯甲烷(分析纯)、超纯水、C18-SPE固相萃取柱(500 mg,6 mL)、16种优控PAHs系列校准溶液(详见附录一)、氘代PAHs内标混合溶液(15种PAHs单体,浓度均为1 $\mu g/mL$)(详见附录一)。

四、实验步骤

1. 样品采集

大气气相和颗粒相样品的采集、称量、保存按实验一所述方法进行，采样体积不小于 100 m^3。记录采样体积、采样前后石英滤膜的重量。

将空白滤膜（与样品采集使用的同一批次）和聚氨酯泡沫体带至采样现场，不采集样品，与样品一起带回实验室，按照与样本相同的方法进行处理，作为空白样本。

2. 样品提取

茄形瓶、胶头滴管、锥形瓶、离心管等玻璃仪器使用去污剂清洗干净，并用大量自来水冲洗、超纯水润洗，烘干，使用前依次使用甲醇、丙酮、二氯甲烷润洗。

（1）气相样品提取

将采样后的聚氨酯泡沫体置于索氏提取器中，加入 300 mL 正己烷/二氯甲烷（体积比 1∶1）和 50 ng 氘代 PAHs 内标混合溶液，提取 16 h 以上，提取液经旋转蒸发浓缩至 1～2 mL，待净化。

（2）颗粒相样品提取

将采样后的滤膜剪碎置于锥形瓶中，加入 20 mL 正己烷/二氯甲烷（体积比 1∶1），液面需没过滤膜，加入 50 ng 氘代 PAHs 内标混合溶液，超声提取 15 min。重复超声提取 3 次，合并提取液，提取液经旋转蒸发浓缩至 1～2 mL，待净化。

3. 样品净化

将 C18-SPE 净化柱安装至固相萃取装置上，添加 5 mL 正己烷活化，待液面将干时，添加气相或颗粒相样品提取浓缩液，使用 15 mL 离心管开始收集固相萃取柱洗脱液，装提取液的茄形瓶使用 1 mL 正己烷润洗 2 次，添加至固相萃取柱上，然后添加 10 mL 正己烷/二氯甲烷（体积比 1∶1）溶液洗脱，继续使用 15 mL 离心管收集洗脱液。将离心管中的洗脱液使用氮气吹干仪浓缩至 0.2 mL 左右，转移至进样小瓶中，添加正己烷定容至 1 mL，于冰箱冷藏待测。

4. 标准曲线绘制

按实验五所述方法，测定 16 种优控 PAHs 系列校准曲线溶液中各 PAHs 单体及其内标化合物的响应，绘制校准曲线。

5. PAHs 测定

按实验五所述方法，使用气相色谱-质谱联用仪分别测定空白、大气气相和颗粒相样本中各 PAHs 单体及其内标化合物的响应。

五、数据分析

按实验五所述方法，依据内标化合物加入量和采样体积，计算大气气相和颗粒相中 PAHs 的浓度 A 和 F（$\mu g/m^3$）。根据采样前后石英滤膜的重量差和采样体积，计算大气颗粒物质量浓度 C_{TSP}（$\mu g/m^3$）。按式(6-1)计算各 PAHs 单体的气-粒分配系数 K_P，分析 PAHs 各单体的气粒两相分配规律，并解释可能的原因。

六、注意事项

1. 采样后滤膜和聚氨酯泡沫体需密封置于冰箱中冷冻保存，避免目标化合物的损失。

2．离心管中收集的洗脱液用氮气吹干仪浓缩转移至进样小瓶后，需使用 0.1 mL 正己烷润洗离心管 2～3 次，转移至进样小瓶。

3．此实验为痕量实验，所有玻璃仪器必须清洗干净，样本间的玻璃仪器不能混用，避免交叉污染，同时避免室内灰尘的污染。

4．空白样本中 PAHs 的含量应低于样本中的 5%，否则应进行空白校正。

七、思考题

1．为什么依次使用分析纯甲醇、丙酮、二氯甲烷润洗玻璃仪器？

2．环境温度对 SVOCs 的气粒分配规律是否有影响？

实验七　环境空气中臭氧日变化规律及其与前体物间的关系

臭氧(O_3)是大气中重要的微量气体，其氧化作用、温室效应以及紫外吸收功能对全球气候、生态、环境等系统具有重要意义。近地面的 O_3 在对流层化学物质循环中扮演着重要的角色，影响着全球的气候和生态环境。大气中的 O_3 不是人类活动直接排放的一次污染物，而是由一次污染物，如氮氧化物(NO_x)、一氧化碳(CO)和碳氢化合物等，在大气中经过光化学反应而生成的，具有显著的日变化特征。人为活动排放的 O_3 前体物的增加，使地面 O_3 浓度呈增长趋势，已成为当前环境研究的一个重点。因此，测定 O_3 及其前体物的浓度，分析 O_3 与前体物间的关系，将增进我们对环境大气中 O_3 日变化规律及其影响因素的认识。

一、实验目的

1. 了解典型紫外光度臭氧分析仪(以下简称臭氧分析仪)、化学发光氮氧化物分析仪(以下简称氮氧化物分析仪)和气体透镜相关光度法一氧化碳分析仪(以下简称一氧化碳分析仪)的仪器构造、基本原理和使用方法。

2. 学习并掌握 O_3、NO_x 和 CO 在线监测、质量控制及数据处理分析方法。

3. 分析 O_3 及其前体物浓度的变化特征及二者相关性。

二、实验原理

臭氧分析仪、氮氧化物分析仪和一氧化碳分析仪的仪器构造、基本原理详见附录二。运用臭氧分析仪、氮氧化物分析仪和一氧化碳分析仪同时连续 24 h 监测室外环境空气中 O_3、NO_x 和 CO 的浓度。基于监测得到的数据可绘制 O_3 的日变化规律曲线，分析 CO、NO_x(NO 和 NO_2)与 O_3 浓度间的相关性，得到这些前体物对大气环境中 O_3 浓度的影响。大气氧化剂 $Ox(NO_2+O_3)$可作为评价大气氧化能力的指标，同时 NO_2/NO 的比值也被当作研究光化学稳定态的基本参量，也能反映光化学反应“效率”的高低和大气氧化能力的强弱。

三、仪器与材料

1. 仪器

臭氧分析仪、氮氧化物分析仪、一氧化碳分析仪。

2. 材料

特氟龙管、特氟龙过滤膜、活性炭管、三通接头、干燥剂。

四、实验步骤

1. 仪器准备

(1) 提前 2～3 天打开臭氧分析仪、氮氧化物分析仪和一氧化碳分析仪及相关标定设备进行预热，检查并记录仪器参数。

(2) 利用校准设备完成多点(≥5 点)校准，记录多点校准方程。

(3) 将一氧化碳分析仪自动零检查设置为每 2 小时 1 次。

(4) 安装好数据采集和监控软件。

2. 浓度监测

(1) 用特氟龙管(进气管)把室外空气引进室内,并接在分析仪器进气口。3 台仪器可单独使用一根特氟龙管,用三通接通共享使用。

(2) 检查接头连接是否正确。

(3) 连接数据采集软件,数据采集频率设置为每分钟 1 次,并做好记录。

(4) 持续观测 24 h。观测期间早晚各检查一次仪器参数及管路是否有冷凝水(特别是高温高湿的天气下),观察仪器运行状态和报警情况,并做好记录。

(5) 观测完毕,检查数据下载是否完整。

(6) 断开数据采集软件,撤回进气管路,仪器待机,等待下一组实验。

五、数据处理

1. 数据整理与订正

(1) 检查获得的 O_3、NO_x 和 CO 数据的时间序列完整性,并对数据进行合理标记。

(2) 利用多点校准曲线对数据进行订正。

(3) 对于订正后的数据,合理剔除非室外气样及异常数据。

(4) 将不同要素的数据根据时间合并成一个完整的数据文件。

2. 环境空气中 O_3、NO_x 和 CO 的日变化趋势分析

基于步骤 1 获得的订正后的数据,以时间为横坐标,O_3、NO_x(NO 和 NO_2)和 CO 浓度为纵坐标绘制 O_3 及其前体物的日变化趋势图并做小时平滑处理;标出 O_3、NO_x 和 CO 日最大浓度和最低浓度出现的时间,并分析可能的原因。

3. 环境空气中 O_3、NO_x(NO 和 NO_2)和 CO 间的相关性分析

将步骤 1 获得的订正后的数据处理成小时均值。利用统计软件分析 O_3 与其前体物 CO、NO_x(NO 和 NO_2)间的相关性;结合浓度变化趋势,讨论前体物对环境空气中 O_3 浓度的影响。

4. 大气氧化能力评估

基于 NO_x 和 O_3 的浓度,计算环境空气中大气氧化剂 Ox(NO_2+O_3)的浓度,绘制日变化曲线,分析大气氧化能力日变化特征,找出最大值出现的时间,并分析原因。

六、注意事项

1. 进气管路连接时要注意气密性,避免采集到室内空气。

2. 检查辅助系统管路连接是否正确。氮氧化物分析仪尾气可能有高浓度 O_3 排出,注意连接活性炭管将 O_3 去除或排到合适的地方,后者不能影响到正常 O_3 观测。

3. 注意观测期间不要随意开关门,以免导致室内温湿度剧烈变化,影响观测。

4. 检查仪器状态参数,若有报警信息要及时处理。

5. 要及时下载和保存数据。

6. 观测期间,检查仪器参数时,不要随意更改仪器响应参数及设置。

七、思考题

1. 如何实现测量的自动化？

2. 紫外光度法测量 O_3、化学发光法测量 NO_x 和气体透镜相关光度法测量 CO 的干扰是什么？如何避免或尽可能减少干扰？

3. 多点校准并不在观测的同一天完成，为什么可以用于数据订正？如果要获得更为准确的长期观测数据，应如何考虑校准频率？

4. 观测期间 CO 的零点值是否发生波动？若波动较大，应如何处理？

实验八　典型臭氧层破坏物质的作用机制与环境要素

平流层臭氧(O_3)消耗是全球性环境问题。大气中的氧气(O_2)分子在太阳短波紫外线的照射下，分解成原子状态，其中，O 原子极不稳定，与 O_2 分子反应即可生成 O_3。人类活动向大气中排放的氧化亚氮(N_2O)、H_2O、四氯化碳(CCl_4)、甲烷(CH_4)、氟氯烃等物质，可催化或参与 O_3 分子的降解，将其转化为氧气(O_2)分子，从而造成 O_3 空洞。利用模拟烟雾箱观测 O_3 消耗物质的作用过程，有利于深入认识 O_3 的生成与破坏规律。

一、实验目的

1. 了解模拟烟雾箱法的设计思路与局限性。
2. 掌握大气中 O_3 层的转化规律，认识大气 O_3 的消耗机理。

二、实验原理

四氯化碳(CCl_4)可在光照下释放 Cl 原子自由基。Cl 原子自由基能量高，攻击 O_3 分子，使其生成 O_2 分子和 O 原子。该反应即 O_3 消耗过程，受混合物体系、光照条件、温度等诸多因素影响。其大致原理如下：

$$CCl_4 + h\nu \longrightarrow CCl_3 + Cl \tag{8-1}$$

$$Cl + O_3 \longrightarrow O_2 + ClO \tag{8-2}$$

$$ClO + O \longrightarrow O_2 + Cl \tag{8-3}$$

三、仪器与材料

1. 仪器

模拟烟雾箱(2 L 特氟龙薄膜袋)、质量流量计、特斯拉线圈、单色紫外光源、臭氧分析仪。

2. 材料

CCl_4。

四、实验步骤

1. 空白校准

以空气流经特斯拉线圈放电产生 O_3，调节功率，提供浓度适宜的 O_3 气流。向模拟烟雾箱连续充放 O_3 气流 24 h，使烟雾箱内壁饱和。向模拟烟雾箱内充满 O_3 气流后，用臭氧分析仪记录 10 h 内烟雾箱内 O_3 浓度的变化。作为本底，O_3 体积分数控制在 4×10^{-11}～2×10^{-10} 为宜。臭氧分析仪的工作原理图详见附录二。

2. 臭氧降解实验

向模拟烟雾箱内充满 O_3 气流后，保持 O_3 浓度稳定。充入适量 CCl_4(体积分数 1×10^{-9}～5×10^{-9} 为宜)，选择一定的紫外光源(可取 265 nm、300 nm、330 nm、375 nm、

405 nm 波长)和加热温度(可取 10 ℃、20 ℃、30 ℃、40 ℃、50 ℃),测定 10 h 内模拟烟雾箱内 O_3 浓度的变化情况,计算 O_3 降解动力学方程,并与本底比较。

五、数据处理

O_3 降解动力学方程可尝试用拟一级反应动力学方程、拟二级反应动力学方程等拟合。也可尝试扣除本底后计算反应动力学方程并比较。

六、注意事项

1. 实验中应尽量通过流态控制充分混匀模拟烟雾箱内的气体。
2. 实验中注意避免外光源的干扰,可考虑设置模拟烟雾箱遮蔽措施。

七、思考题

1. 请总结 O_3 的损耗机理和影响因素,说明南极上空 O_3 空洞的周期性变化原因。
2. 分析可能显著影响自由基生成的环境要素。

实验九　过氧乙酰硝酸酯在颗粒物表面的非均相反应摄取系数

大气复合污染从机理上表现为大气均相反应和非均相反应的耦合，不仅会导致能见度降低和大气氧化性增强，从长远效应来看，还会危害人体健康并引起气候变化。大气非均相反应指大气中发生在固体或液体(通常指大气颗粒物)表面的反应，其中反应物是两相或两相以上的组分(如固体和气体)，或者一种或多种反应物在界面上(如固体表面上)进行的化学反应。由于大气颗粒物具有较大的比表面积和特殊的表面结构，使得气态污染物很容易在其表面发生非均相反应。大气非均相反应可以改变大气气相化学组成，影响元素的地球化学循环。同时，还可以改变大气颗粒物本身的化学组成，从而改变颗粒物的健康效应，并生成新的污染物质，造成更严重的污染。因此，气态污染物在大气中的非均相反应会对大气环境和人类造成新的污染问题与健康风险，并可能进一步影响全球气候效应。

一、实验目的

1. 学习搭建流动管反应装置及气态污染物在颗粒物表面发生非均相反应的原理和方法。

2. 了解气相色谱电子捕获检测器(GC-ECD)在线监测原理及非均相反应摄取系数的计算方法。

二、实验原理

过氧乙酰硝酸酯(peroxyacetyl nitrate，PAN)是由大气中的挥发性有机物和二氧化氮经过一系列化学反应形成的，其化学式为 $CH_3C(O)OONO_2$。PAN 被视为光化学烟雾的特征物质，在大气化学中扮演重要角色。目前已有研究表面 PAN 在颗粒物表面发生的非均相反应有可能会改变颗粒物组分，从而改变颗粒物的健康效应，形成更严重的污染。

摄取系数 γ 是定量大气化学非均相反应的重要参数，是指在非均相反应中痕量气体被颗粒物表面摄取的概率，是量化大气颗粒物摄取或反应能力的重要指标。在整个实验过程中，PAN 的浓度变化可以运用一台连续自动测定大气中 PAN 类化合物的分析仪器进行实时监测，该仪器主要由三部分构成：分析仪主机、GC-ECD 分析单元、计算机控制单元。分析仪主机的主要功能是样品定量采集、产生供零点标定和动态配气所需的零空气、合成一定浓度的 PAN 标准气体；GC-ECD 分析单元由气相色谱和低温色谱柱温控制系统结合而成，配备双进口，采用高纯氦气作为载气，高纯氮气作为补偿气，主要功能是分离并检测大气中的 PAN；计算机控制单元能够实现自动采样、分析、标定和数据采集等功能。该仪器原理、组成及使用方法详见附录三。

本实验利用流动管反应装置模拟研究 PAN 在颗粒物表面的非均相反应过程，运用气相色谱电子捕获检测器(GC-ECD)在线实时监测 PAN 反应前后浓度变化，进而计算其非均相反应的摄取系数。

三、仪器与材料

1. 仪器

自主搭建的石英流动管反应装置(见实验四)、气体质量流量计、温度湿度控制器、恒温水浴锅、连续自动测定大气中 PAN 类化合物分析仪器、电子天平。

2. 材料

(1) NO 标气和丙酮标气(在仪器内置紫外光源条件下合成 PAN 标准气体)。

(2) 商用天然气槽法燃烧产生的黑碳颗粒物(炭黑颗粒)。

(3) 高纯氮气和氮气。

四、实验步骤

1. 壁效应

实验中使用的流动管系统为石英材质,气路以及接口等部件为聚四氟乙烯材质,为确保在实验过程中不因为系统壁的吸附而造成损失,在实验前需先进行壁效应测试。

首先将未盛放 10 mg 炭黑颗粒的石英舟放入流动管内固定位置上,在 20 ℃无光照的条件下,使用流速为 60 mL/min 的氮气作为载气从载气入口通入流动管内,数分钟后可将流动管内空气排净,再将氮气以 1 mL/min 的流速带动 PAN 标气从进样管进入流动管。起始状态时,使进样管出口位于流动管最末端,即 PAN 标气进入流动管后直接流出,不与流动管接触;之后逐渐回撤进样管,使管口分别位于流动管长的 3/4,2/4,1/4 处和起始处。将进样管口在这 5 个位置时分别对应的 PAN 浓度记录下来,从而可以观察到 PAN 在没有炭黑颗粒作用情况下的浓度变化。如果 PAN 在与不同长度的管壁接触时,浓度基本不变,说明此套流动管反应系统对 PAN 不存在壁效应,并且能够间接证明挥发出的 PAN 标气浓度十分稳定。

2. 摄取系数的确定

其次,在温度为 20 ℃,相对湿度为 0 时,依次选择 5 种不同初始浓度的 PAN(0.6 mg/m^3、1.0 mg/m^3、1.4 mg/m^3、1.8 mg/m^3 和 2.2 mg/m^3)与 10 mg 炭黑颗粒反应,每次反应时间为 1 h,流速为 1 mL/min。记录每次反应结束时 PAN 的浓度数据。

3. 仪器分析

气相色谱条件:毛细管色谱柱(5 m×0.53 mm×1.0 μm)进样量 1 mL,柱前压 18 kPa,柱箱温度 12 ℃,高纯氮气作为载气。

检测器 ECD 条件:ECD 温度 50 ℃,尾吹气流量 25 mL/min。

ECD 对 PAN 具有高灵敏响应,并具备自动吹扫功能。载气和尾吹气分别采用电子压力控制器(EPC)和电子流量控制器(EFC)控制,保证流量的稳定性。该装置配备高度智能化软件系统,可以实现仪器状态自动监控、仪器自动运行、数据自动处理等功能,保证仪器可以长期稳定运行,无须人为操作。其他参数请参考附录三。

五、数据分析

初始摄取系数的计算如下:

初始摄取系数 γ_0 是指痕量气体在反应初始阶段被颗粒物摄取的速率与气体和颗粒物

表面碰撞的速率之比，它表示了大气颗粒物表面的最大摄取能力，是实验室测定的最大摄取系数，其定义如下：

$$\gamma_0=\frac{\text{反应初始阶段气体分子被颗粒物摄取速率}}{\text{反应气体分子与颗粒物碰撞速率}}$$

碰撞速率 Z 表示单位时间内与颗粒物表面发生碰撞的气体分子的总数，计算公式如下：

$$Z=\frac{1}{4}\omega An \tag{9-1}$$

式中：A——与气体分子发生碰撞的颗粒物的比表面积，可采用颗粒物的几何面积或者BET面积，m^2/g；

n——气体分子浓度，g/m^3；

ω——气体分子平均运动速率，m/s，指平衡状态下 Maxwell 速率分布的平均速率，其计算公式见式(9-2)。

$$\omega=\sqrt{\frac{8RT}{\pi M}} \tag{9-2}$$

其中：R——气体摩尔常数，8.314 J/(mol・K)；

T——温度，K；

M——气体分子质量。

在本实验中，碰撞速率 Z 可由式(9-1)计算，初始摄取速率则等于 PAN 的损失速率，可根据反应开始前后 PAN 浓度的变化计算。由初始摄取速率和碰撞速率的比值可计算初始摄取系数 γ_0 的值。

六、注意事项

1. 控制气体流速为 1 mL/min，保证整个实验过程中气体为层流状态且不受壁效应影响。

2. 炭黑颗粒质量非常轻，在拿取过程中一定要轻拿轻放。

七、思考题

1. 摄取系数计算的误差主要来源于哪些方面？
2. 如果增加流动管内的反应湿度，是否会对摄取系数造成影响？

二、水　　篇

实验十　水体中各形态磷的浓度及其富营养化影响

磷是细胞中许多结构和功能组件的重要组成元素，在生态系统中起着重要作用。过量的磷是导致河流湖泊富营养化的关键因素和限制因子。各形态磷包括溶解态磷（TDP）和颗粒态磷（TPP），TDP又分为溶解态无机磷（DIP）和溶解态有机磷（DOP），TPP又分为颗粒态无机磷（PIP）和颗粒态有机磷（POP）。内源和外源共同控制着河流湖泊水中磷的含量，其中外源为主要来源，是水体富营养化的主要原因。通常总磷（TP）不能有效地揭示水体富营养化的过程与机制，研究水体中磷的赋存形态可为治理水体富营养化提供有效信息。

一、实验目的

1. 了解水体中TP和各形态磷的特征。
2. 掌握水体中TP和各形态磷的测定方法。
3. 通过测定水体中TP和各形态磷的含量，深入了解磷对水体富营养化的影响和磷在水生态系统中的重要意义。

二、实验原理

水体中TP采用《水质　总磷的测定　钼酸铵分光光度法》（GB 11893—1989）中的方法测定，即在中性条件下用过硫酸钾使试样消解，将所含磷全部氧化为正磷酸盐。在酸性介质中使正磷酸盐与钼酸铵反应，在锑盐存在条件下生成磷钼杂多酸，立即用抗坏血酸还原，生成蓝色的络合物，利用分光光度法测定磷的含量。同样，水样经过预处理得到不同形态的磷，然后转化为TP，采用钼酸铵分光光度法测定。

三、仪器与材料

1. 仪器

可见分光光度计、高压蒸汽消毒器（1.1～1.4 kg/cm^2）、便携式多参数水质分析仪、恒温振荡器、离心机。

2. 材料

盐酸、硫酸、氢氧化钠、过硫酸钾(50 g/L)、抗坏血酸(100 g/L)。

钼酸盐溶液：溶解 13 g 四水合钼酸铵$[(NH_4)_6Mo_7O_{24} \cdot 4H_2O]$于 100 L 水中。溶解 0.35 g 酒石酸锑钾$\left[K(SbO)C_4H_4O_6 \cdot \frac{1}{2}H_2O\right]$于 100 mL 水中。在不断搅拌下把钼酸铵溶液缓慢加到 300 mL 硫酸($V_{硫酸} : V_{水} = 1:1$)中，再加入酒石酸锑钾溶液并且混合均匀。

磷标准贮备液：称取(0.219 7±0.001)g 于干燥器中 100 ℃下干燥 2 h 后放冷的磷酸二氢钾(KH_2PO_4)，用水溶解后转移至 1 000 mL 容量瓶中，加入大约 800 mL 水、5 mL 硫酸($V_{硫酸} : V_{水} = 1:1$)，用水稀释至标线并混匀。1.00 mL 此标准溶液中含 50.0 μg 磷。

磷标准使用液：将 10.0 mL 的磷标准贮备液转移至 250 mL 容量瓶中，用水稀释至标线并混匀。1.00 mL 此标准溶液中含 2.0 μg 磷。

实验用水为超纯水。

四、实验步骤

1. 水样提取液的准备

采集 500 mL 水样，加入硫酸调节样品的 pH 低于或等于 1，于冰箱中冷藏保存备用。

2. 水体中 TP 和各形态磷的测定

参照表 10-1 对水体中各形态磷进行提取，按《水质　总磷的测定　钼酸铵分光光度法》(GB 11893—1989)对获得的各形态磷待测液进行测定，完成表 10-2。

表 10-1　水体中各形态磷连续提取步骤

磷形态	提取方法*
TP	取一定量水样于 50 mL 比色管中，加入 4 mL 50 g/L 的过硫酸钾，高压消毒器中加热 30 min，用水定容至 50 mL，用钼酸铵分光光度法测定 TP 含量
TDP	取 25 mL 过滤水样，加 4 mL 50 g/L 的过硫酸钾，置于高压消毒器中加热 30 min，用水定容至 50 mL，采用钼酸铵分光光度法测定 TDP 含量
DIP	取 20 mL 过滤水样，用水定容至 25 mL，采用钼酸铵分光光度法测定 DIP 含量
DOP	TDP 与 DIP 的差值
PIP	取水样过 0.45 μm 滤膜，滤膜烘干，加入 1 mol/L HCl 浸提 24 h。取 10 mL 提取液于比色管中，调节 pH 为 7，用水定容至 25 mL，采用钼酸铵分光光度法测定 PIP 含量
TPP	TP 与 TDP 的差值
POP	TPP 与 PIP 的差值
正磷酸盐	DIP 与 PIP 之和
非正磷酸盐	DOP 与 POP 之和

* 如使用硫酸保存水样，当用过硫酸钾消解时，需要先将试样调至中性。

(1) 空白试样

用超纯水代替试样，并加入与测定时相同体积的试剂。

(2) 消解

过硫酸钾消解：向试样中加 4 mL 过硫酸钾，置于高压消毒器中加热，待压力达 1.1 kg/cm^2，温度为 120 ℃下保持 30 min 后停止加热，待压力表读数为 0 时，取出冷却至室温，然后用水稀释至标线。

（3）发色

分别向每份消解液中加入 1 mL 抗坏血酸溶液，混匀，30 s 后加 2 mL 钼酸盐溶液，充分混匀。

（4）分光光度测量

室温下放置 15 min 后，使用光程为 30 mm 的比色皿，在 700 nm 波长下，以水为参比，测定吸光度。扣除空白试验的吸光度后，从校准曲线上查得磷的含量。

（5）校准曲线的绘制

取 7 支具塞刻度管分别加入 0.00 mL、0.50 mL、1.00 mL、3.00 mL、5.00 mL、10.0 mL、15.0 mL 磷酸盐标准溶液，加水稀释至 25 mL，按步骤（2）、（3）、（4）进行处理。以水为参比，测定吸光度，绘制校准曲线。

五、数据处理

1. TP 含量以 C(mg/L) 表示，按式(10-1)计算：

$$C=\frac{m}{V} \tag{10-1}$$

式中：m——试样测得含磷量，μg；

V——测定用试样体积，mL。

2. 水体中 TP 对河流湖泊富营养化的影响

参照附表 4-1 和附表 4-2，确定本实验采集水样的水质、营养级类型及各形态磷对富营养化的影响。

3. 水体与沉积物中各形态磷含量之间的相关性及对富营养化的影响

根据表 10-1、表 10-2 和附表 4-3，对水体中各形态磷浓度进行相关性分析，推断水体中各形态磷对富营养化的影响。

表 10-2　水体各形态磷浓度

磷形态	平均值/(mg/L)	标准差/(mg/L)	所占 TP 比例/%	磷形态质量分数/%
TP				
TDP				
DIP				
DOP				
PIP				
TPP				
POP				
IP				
OP				

六、注意事项

1. 分光光度计等所有玻璃器皿均应用稀硫酸($V_{浓硫酸}:V_{水}=1:35$)浸泡。

2. 含磷量较少的水样，不要用塑料瓶采样，因为磷酸盐易吸附在塑料瓶壁上。

3. 试样显色时间应保证有 15 min，使试样显色完全。

4. 分光光度计在使用前应接通电源开关，打开暗箱盖，预热 30 min。

七、思考题

1. 为什么水体要选择 0.45 μm 滤膜过滤？

2. 水体中各形态磷的重要性是什么？

3. 怎样根据水体中各形态磷的特征，推断它们对富营养化的影响？

实验十一　生物炭和活性炭对水体中 Cu^{2+} 的吸附行为

伴随着工业化和城市化进程，水体重金属污染已成为全球性的环境问题。目前，水体重金属污染的处理方法众多，包括化学沉淀、吸附、膜过滤、离子交换和生物絮凝法等。其中，吸附法具有操作简便、吸附材料来源广泛、适用范围广等特点，近年来备受关注。活性炭由于具有较大的比表面积和孔隙度，常用于吸附去除水体中的重金属，但是其价格昂贵。同时，生物炭同样也具有与活性炭相似的物理结构，而且其表面官能团丰富，并可由农业废物（如秸秆、椰壳、花生壳、核桃壳等）制备，可作为活性炭的替代品用于水体净化。

铜是人体必不可少的微量营养元素，但过量摄入会对人体健康造成极大的危害。水体净化过程中，活性炭和生物炭对铜吸附能力的大小将影响水体中铜的去除效率。因此，研究活性炭和生物炭对铜的吸附作用及影响因素具有非常重要的意义。

一、实验目的

1. 理解基本吸附机理及吸附在污染控制中的重要作用。
2. 掌握金属离子吸附实验技术。

二、实验原理

吸附是一种表面现象，与表面张力、表面能的变化有关。按照吸附机理，吸附可分为物理吸附与化学吸附。物理吸附也称范德华吸附，它由吸附质和吸附剂分子间作用力引起。化学吸附借助吸附剂表面原子具备成键能力的电子空穴或孤对电子，与吸附质接触时发生电子共用或转移。活性炭与生物炭，由于具有比表面积大、反应活性高的特点，被广泛用于吸附水体中的重金属或者有机污染物，两者对水中杂质的吸附既有物理吸附，也有化学吸附。

当吸附速度和解吸速度相等时，即单位时间内活性炭吸附的数量等于解吸的数量时，则吸附质在溶液中的浓度和在活性炭表面的浓度均不再变化而达到平衡，此时的动态平衡称为吸附平衡，此时吸附质在溶液中的浓度称为平衡浓度（C_e），生物炭/活性炭的吸附能力以平衡吸附容量（q_e）表示，可通过式(11-1)计算。

$$q_e=\frac{(C_0-C_e)V}{M} \tag{11-1}$$

式中：q_e——平衡吸附容量，mg/g；

V——反应溶液体积，L；

M——生物炭/活性炭的投加量，g。

在温度一定的条件下，生物炭/活性炭的吸附容量随吸附质平衡浓度的提高而提高，两者之间的关系曲线为吸附等温线。通常运用 Langmuir 方程及 Freundlich 方程来比较溶液浓度不同时活性炭的吸附容量及吸附机理，如式(11-2)、式(11-3)所示。

$$\frac{C_e}{q_e}=\frac{1}{q_m K_L}+\frac{C_e}{q_m} \tag{11-2}$$

$$\ln q_e = \ln K_F + \frac{1}{n}\ln C_e \tag{11-3}$$

式中：q_e——Cu^{2+} 平衡吸附容量，mg/g；

K_L——Langmuir 常数，反映吸附的强度，与吸附能量有关，L/mg；

q_m——最大吸附容量，mg/g；

K_F——Freundlich 常数，mg/g；

n——常数，表示吸附剂与吸附质间的结合力强弱，一般认为 $0.1<1/n<0.5$ 则易于吸附，$1/n>2$ 则难以吸附。

吸附动力学通常用来研究吸附反应速率，它与接触时间密切相关。生物炭/活性炭的吸附动力学常用准一级动力学方程(11-4)、准二级动力学方程(11-5)进行拟合，准二级动力学方程还可以预测出平衡吸附量。

$$\ln(q_e - q_t) = \ln q_e - k_1 t \tag{11-4}$$

$$\frac{t}{q_t} = \frac{1}{k_2 q_e^2} + \frac{t}{q_e} \tag{11-5}$$

式中：q_e——Cu^{2+} 平衡吸附容量拟合值，mg/g；

q_t——t 时刻的 Cu^{2+} 吸附量，mg/g；

k_1——准一级吸附速率常数，1/min；

k_2——准二级吸附速率常数，g/(mg·min)。

三、仪器与材料

1. 仪器

原子吸收光谱仪(AAS)、恒温振荡器、控温磁力搅拌器、pH 计、分析天平(万分之一)、离心机。

2. 材料

硝酸铜(分析纯)、0.1 mol/L 硝酸、0.1 mol/L 氢氧化钠溶液、0.45 μm 针头式过滤器(Nylon 材质)。

四、实验步骤

1. 绘制校准曲线

利用分析纯 $Cu(NO_3)_2$ 配置 Cu^{2+} 浓度为 1 000 mg/L 的贮备溶液。参照逐级稀释法利用贮备溶液分别配置 Cu^{2+} 浓度为 0.25 mg/L、0.50 mg/L、1.50 mg/L、2.50 mg/L、5.00 mg/L 的溶液。在波长为 324.7 nm，狭缝为 0.4 nm 的条件下用原子吸收分光光度计测定上述溶液的吸光度，绘制校准曲线。

2. 平衡吸附容量与吸附等温线测定

利用贮备溶液分别配置 Cu^{2+} 浓度为 5 mg/L、10 mg/L、50 mg/L、75 mg/L、100 mg/L、150 mg/L 的铜离子溶液，并利用 0.1 mol/L 硝酸或 0.1 mol/L 氢氧化钠溶液将上述溶液 pH 调节到 5.00 ± 0.05。用 50 mL 量筒分别量取 30 mL 上述不同 Cu^{2+} 浓度的溶液于 50 mL 离心管中，依次加入 30 mg 生物炭，在 25 ℃下振荡 6 h。反应后的溶液，首先利用离心机进行离心，离心后取 5 mL 上清液，并用 0.45 μm 针头式过滤器过滤，装入 10 mL 离心管，之后使用原子吸收光谱仪（AAS）测量 Cu^{2+} 浓度（样品稀释倍数需要根据实际情况预估确定）。上述实验均重复三次，取平均值。

利用活性炭作为吸附剂，重复上述流程。

3. 吸附动力学测定

利用贮备溶液配置 Cu^{2+} 浓度为 50 mg/L 的铜离子溶液，并利用 0.1 mol/L 硝酸或 0.1 mol/L 氢氧化钠溶液将上述溶液 pH 调节到 5.00±0.05。用量筒量取 200 mL 上述溶液于 250 mL 锥形瓶中，加入 0.2 g 生物炭，在 25 ℃下利用控温磁力搅拌器进行搅拌。在第 1 min、5 min、10 min、20 min、30 min、60 min、90 min、120 min、180 min、240 min、300 min、360 min 分别取 2 mL 样品，并用 0.45 μm 针头式过滤器过滤，装入 5 mL 离心管，之后使用原子吸收光谱仪测量 Cu^{2+} 浓度（样品稀释倍数需试验确定）。上述实验均重复三次，取平均值。

利用活性炭作为吸附剂，重复上述流程。

五、数据处理

1. 根据实验步骤 2 所测定的结果，计算不同初始 Cu^{2+} 浓度下生物炭和活性炭的吸附容量，采用 Langmuir 方程、Freundlich 方程拟合等温吸附方程。

2. 根据实验步骤 3 所测定的结果，采用准一级吸附动力学方程、准二级吸附动力学方程拟合吸附结果。

3. 比较生物炭和活性炭的吸附效果。

六、注意事项

1. 配制标准溶液贮备液时，称量要精确到±0.000 4 g。

2. 在使用锥形瓶、容量瓶、量筒等实验材料时，要做好标记，贴好标签，防止混用，以防造成试剂的污染。

七、思考题

1. Langmuir 方程、Freundlich 方程中各个常数有何意义？吸附动力学与吸附等温线研究有何实际意义？

2. 除了初始 Cu^{2+} 浓度，还有哪些因素会影响生物炭/活性炭的吸附效果？

实验十二　芬顿氧化法处理模拟染料废水

无论在天然水中还是在水处理中，氧化还原反应都起着重要作用。水体中氧化还原的类型、速率和平衡，在很大程度上决定了水中主要溶质的性质。具有优秀的去除难降解有机污染物能力的芬顿(Fenton)试剂，在印染废水、含油废水、含酚废水、焦化废水、含硝基苯废水、二苯胺废水等废水处理中具有广泛应用。Fenton 试剂是由 H_2O_2 和 Fe^{2+} 混合得到的强氧化剂，H_2O_2 被 Fe^{2+} 催化分解生成羟基自由基(·OH)，并引发产生更多的其他自由基，而(·OH)能够氧化打破染料分子的共轭体系，使之变成无色的有机分子，直至其被彻底矿化。采用 Fenton 氧化法处理染料废水具有高效低耗、二次污染少的优势，但处理成本较高。

一、实验目的

1. 了解 Fenton 反应的原理和降解染料分子的机制。
2. 掌握 Fenton 反应中各因素对染料废水脱色率的影响规律。

二、实验原理

Fenton 试剂的氧化机理可以用下面的化学反应方程式表示：

$$Fe^{2+} + H_2O_2 \longrightarrow Fe^{3+} + OH^- + \cdot OH$$

·OH 的生成使 Fenton 试剂具有很强的氧化能力，在 pH=4 的溶液中，·OH 自由基的氧化电势高达 2.73 V，其氧化能力在溶液中仅次于氟气。因此，芳香族化合物及一些杂环类化合物等难降解的有机物，均可以被 Fenton 试剂氧化分解。

三、仪器与材料

1. 仪器

pH-S 酸度计或 pH 试纸、紫外可见光分光光度计、250 mL 烧杯、电子天平、250 mL 量筒。

2. 材料

1 g/L 甲基橙溶液；$FeSO_4 \cdot 7H_2O$、H_2O_2(30%)、H_2SO_4、NaOH，均为分析纯。

四、实验步骤

取 100 mL 甲基橙溶液模拟废水，置于 250 mL 烧杯中，称取 0.100 g $FeSO_4 \cdot 7H_2O$ 加入烧杯中，置于磁力搅拌器上搅拌使其充分溶解，用稀 H_2SO_4 和 NaOH 溶液将 pH 调节至 3 左右。然后，向烧杯中加入 1.0 mL H_2O_2，置于磁力搅拌器上反应 2 h，于 0 min、5 min、10 min、20 min、40 min、60 min、90 min、120 min 取样，使用分光光度法于 466 nm 处测定反应后模拟废水的吸光度值。

五、数据处理

根据测得数据，按式(12-1)计算色度去除率，分析模拟废水色度去除率随时间的变化趋势。

$$色度去除率=\frac{反应前后吸光度差}{反应前吸光度}\times 100\% \tag{12-1}$$

采用一级动力学方程模拟降解动力学曲线，计算 Fenton 反应降解甲基橙溶液模拟废水的速率常数 k。

$$\ln\frac{C_t}{C_0}=-kt \tag{12-2}$$

式中：C_0——甲基橙溶液模拟废水的初始浓度 mg/L；

C_t——甲基橙溶液模拟废水降解后的浓度 mg/L；

t——反应时间，min。

由于甲基橙溶液模拟废水的吸光度值与其浓度成正比，所以其浓度之比等于其吸光度之比。

六、注意事项

1. 是否可以将 $FeSO_4 \cdot 7H_2O$ 提前配制成溶液再投加至模拟废水中？
2. 使用紫外可见分光度计测定样本时，需考虑溶液本底对测量的影响，设置参比溶液。

七、思考题

1. 对染料废水脱色率影响较大的因素有哪些？
2. 根据废水脱色率随时间的变化曲线，分析 Fenton 试剂催化氧化甲基橙溶液的特点。

实验十三　气相色谱-质谱联用法测定有机化合物的正辛醇-水分配系数

正辛醇是一种长链烷烃醇，在结构上与生物体内的碳水化合物和脂肪类似，可用正辛醇-水分配体系来模拟研究生物-水体系。正辛醇-水分配系数(K_{ow})是指某一化合物在某一个温度下，在正辛醇相和水相中的分布达到平衡状态后，两相浓度的比值。它是衡量有机化合物的脂溶性的重要理化性质。研究表明，有机化合物的 K_{ow} 与其水溶解度、生物富集系数及土壤、沉积物吸附系数均有很好的相关性，有机化合物在环境中的迁移在很大程度上与其 K_{ow} 有关。K_{ow} 值较低的化合物是比较亲水的，具有较高的水溶性，因而在土壤或沉积物中的吸附系数以及在水生生物中的富集因子就相应较小；而 K_{ow} 值较高的化合物被认为是非常憎水的，在土壤或沉积物中的吸附系数以及在水生生物中的富集因子相应较大。因此，通过有机化合物的 K_{ow} 的测定，可以了解该化合物在环境行为方面的许多重要信息。

一、实验目的

1. 掌握气相色谱-质谱联用法测定有机化合物的 K_{ow} 的方法。

2. 了解 K_{ow} 在评价有机化合物环境行为方面的重要性。

二、实验原理

正辛醇-水分配系数数学表达式如下：

$$K_{ow}=\frac{C_o}{C_w} \tag{13-1}$$

式中：C_o——有机物在正辛醇相的平衡浓度；

C_w——有机物在水相中的平衡浓度。

测定正辛醇-水分配系数的方法包括摇瓶法、产生柱法和色谱法(表 13-1)。摇瓶法是取一定体积用水饱和的正辛醇配制的目标物溶液，加入一定体积正辛醇饱和的蒸馏水，经恒温振荡使之达到平衡，离心后测定目标物在正辛醇和水相中的浓度，由此得到正辛醇-水分配系数。该方法具有测定结果准确、方法简单且对仪器要求低的优点，但难以测定具有表面活性作用或水溶性极小($\lg K_{ow}>6$)的化合物。产生柱法是将一定体积目标物的正辛醇(水饱和)溶液加入产生柱，使用一定体积正辛醇饱和的水循环通过产生柱(恒温)中的正辛醇层，连续测定五个水相浓度，直至两相平衡即可测得分配系数。该方法测定步骤较多且达到平衡所需的时长。

本实验采用色谱法。有机化合物在色谱柱中的保留时间越长，说明其对非极性固定相的亲和力越高，疏水性越强，其 K_{ow} 值也相应越大，因此 K_{ow} 和保留时间之间存在良好的相关性。色谱法是首先测定一系列目标物在色谱柱中的保留时间 t，以反映它们在色谱柱中的容量因子 k，通过建立 K_{ow} 与 t 之间的线性拟合关系，实现未知化合物的 K_{ow} 值的测定。

表 13-1　三种测定 K_{ow} 方法的比较

测定方法	摇　瓶　法	产 生 柱 法	色　谱　法
优点	测定结果准确； 测定方法简单； 对仪器要求低	对目标物的 lg K_{ow} 的大小要求低	对目标物纯度要求低； 可实现快速测定
缺点	限于测 lg K_{ow}＜ 5 的目标物；步骤烦琐耗时长；样品用量大	测定步骤多； 到达平衡时间长	标准样品成本高； 根据目标物性质的不同选择不同流动相

本实验选择 3 种多溴二苯醚(PBDEs)单体 BDE-28、BDE-47、BDE-153，以及 2 种新型溴代阻燃剂(NBFRs)六溴苯(HBB)、五溴甲苯(PBT)作为已知 K_{ow} 化合物，它们的 lg K_{ow} 如表 13-2 所示。以 2 种多溴二苯醚(PBDEs)同族体 BDE-99 和 BDE-100 为待测化合物。PBDEs 和 NBFRs 均为在环境中普遍存在且具有健康危害的持久性有机污染物，通过本次实验测定，有助于进一步认识 K_{ow} 在评价有机物环境行为方面的重要性。

表 13-2　有机化合物的 lg K_{ow}

化　合　物	lg K_{ow}
BDE-28	5.53
BDE-47	6.11
BDE-153	7.13
HBB	6.07
PBT	5.43

利用气相色谱-质谱联用仪测定一系列 K_{ow} 已知的有机化合物(BDE-28、BDE-47、BDE-153、HBB、PBT)的保留时间 t，将保留时间与其 lg K_{ow} 值相关联，建立相关性拟合曲线 $\lg K_{ow}=a\lg t+b(R>0.990)$，运用该相关性拟合曲线预测 2 种化合物(BDE-99、BDE-100)的 K_{ow} 值。

三、仪器及材料

1. 仪器

气相色谱-质谱联用仪、涡旋振荡器。

2. 材料

3 种 PBDE 单体标准样品(BDE-28、BDE-47、BDE-153)和 2 种 NBFR 单体标准样品(HBB 和 PBT)，浓度均为 50 μg/mL。

四、实验步骤

1. 用移液枪分别移取 7 种有机物单体标准样品(50 μg/mL)1 μL 至 7 个棕色定量小瓶中，用正壬烷稀释至 100 μL，涡旋振荡混匀，制成浓度为 500 ng/mL 的标准样品溶液。

2. 运用气相色谱-质谱联用仪依次测定并记录 7 种有机物单体的保留时间 t，计算 lg t。

3. 仪器分析：

气相色谱柱：DB5-MS 柱(30 m×0.25 mm×0.1 μm)；载气：氦气。

柱温箱升温程序：初始温度为 100 ℃，保持 2 min；以 4 ℃/min 的速率升至 300 ℃，保持 30 min。

质谱条件：进样口、离子源、四极杆的温度分别为 290 ℃、150 ℃、150 ℃。质谱离子源：化学电离源(CI)。

5 种有机化合物的扫描离子如表 13-3 所示。

表 13-3 5 种有机化合物的扫描离子

化合物	定性离子/(m/z)	定量离子/(m/z)
BDE-28	79	81
BDE-47	79	81
BDE-153	79	81
HBB	547.5	549.5
PBT	485.6	487.6

五、数据处理

1. 通过数据拟合 5 种已知化合物的正辛醇-水分配系数对数($\lg K_{ow}$)值与 $\lg t$ 之间的最佳线性关系 $\lg K_{ow}=a\lg t+b(R>0.990)$，绘制最佳拟合曲线。

2. 利用得到的最佳拟合线确定 BDE-99 和 BDE-100 的 K_{ow} 值。

六、注意事项

1. 移取标准样品时注意避免各种化合物间交叉污染。

2. 进样前检查各项仪器参数设定是否正确，确保气相色谱-质谱联用仪正常运行。

七、思考题

1. 请说明色谱法中容量因子 k 与保留时间 t 之间的关系。

2. 适用气相色谱-质谱联用法测定 K_{ow} 的有机物应具有哪些特点？说明测定原理，讨论本方法的适用性和误差来源。

实验十四　六溴苯的光降解速率常数及其降解途径

光降解是指由光的作用而引起的污染物分解的现象，它不可逆地改变了反应分子，强烈地影响环境中有机污染物的归趋。光降解速率常数是指在光照条件下，化学反应中反应物消失的速率常数，是描述光化学反应速率的重要参数之一。六溴苯(Hexabromobenzene，HBB)为多溴联苯醚的替代型阻燃剂。HBB具有类似传统溴代阻燃剂的性质，可在环境中长期存在，而且具有一定的生物蓄积性，已在多种环境介质和生物体中检出，受到人们的关注。通过测定六溴苯的光降解速率常数及通过分析质谱图中的碎片离子推测其降解途径，对于了解该化合物在环境中的转化行为具有重要的现实意义。

一、实验目的

1. 测定HBB在紫外光作用下的降解速率，计算其速率常数。
2. 通过测定光降解产物，分析HBB的光降解途径。

二、实验原理

有机物的降解率一般按式(14-1)进行计算：

$$降解率=\frac{C_0-C_t}{C_0}\times 100\% \tag{14-1}$$

式中：C_0——HBB的初始浓度；

C_t——HBB降解后的浓度。

HBB的光降解过程可按式(14-2)进行一级动力学模拟：

$$\ln\frac{C_t}{C_0}=-Kt \tag{14-2}$$

式中：t——光降解时间。

本实验使用正己烷作为溶剂配置适合浓度的HBB溶液，置于光化学反应仪中，于紫外光下照射。运用气相色谱-质谱联用仪测定不同光照时长下HBB以及二溴苯至五溴苯的含量，进而绘制HBB光降解的动力学曲线，推测其可能的降解途径。

三、仪器与材料

1. 仪器

光化学反应仪、气相色谱-质谱联用仪、紫外灯。

2. 材料

正己烷(色谱纯)、HBB、五溴苯、四溴苯、三溴苯、二溴苯标准溶液(50 μg/mL)。

四、实验步骤

1. 校准曲线的绘制

运用梯度稀释法配制系列浓度HBB标准溶液。移取浓度为50 μg/mL的HBB标准溶液200 μL于25 mL容量瓶中，用正己烷定容，得到浓度为400 ng/mL的HBB标准溶液；

移取浓度为 400 ng/mL 的 HBB 标准溶液 200 μL 于 1 mL 容量瓶中,用正己烷定容,得到浓度为 80 ng/mL 的 HBB 标准溶液;移取浓度为 80 ng/mL 的 HBB 标准溶液 200 μL 于 1 mL 容量瓶中,用正己烷定容,得到浓度为 16 ng/mL 的 HBB 标准溶液;移取浓度为 16 ng/mL 的 HBB 标准溶液 250 μL 于 1 mL 容量瓶中,用正己烷定容,得到浓度为 4.0 ng/mL 的 HBB 标准溶液;移取浓度为 4.0 ng/mL 的 HBB 标准溶液 100 μL 于 1 mL 容量瓶中,用正己烷定容,得到浓度为 0.4 ng/mL 的 HBB 标准溶液。通过以上逐级稀释得到浓度为 400 ng/mL、80 ng/mL、16 ng/mL、4.0 ng/mL、0.4 ng/mL 的 HBB 系列标准溶液,利用气相色谱-质谱联用仪测定其中 HBB 的响应,绘制校准曲线。

2. 光降解实验

移取浓度为 50 μg/mL 的 HBB 标准溶液 100 μL 于 25 mL 容量瓶中,用正己烷定容,得到浓度为 200 ng/mL 的 HBB 标准溶液。移取浓度为 200 ng/mL 的 HBB 标准溶液 1 mL 至进样瓶中,将其余全部转移至 40 mL 石英试管中,加入磁子,置于多位光化学反应仪样品位上。启动光化学反应仪,打开紫外灯,开始光降解。分别于 5 min、10 min、20 min、45 min 从 40 mL 石英试管中移取 1 mL 溶液于进样瓶中。

3. 样品测定

(1) 色谱条件:色谱柱为 DB5-MS(30 m×0.25 mm×0.25 μm),进样口温度为 250 ℃,采用不分流进样模式,高纯氦气作为载气,设定流速为 1.0 mL/min。

(2) 柱温箱升温程序:初始温度为 45 ℃,保持 1 min;15 ℃/min 升至 200 ℃;8 ℃/min 升至 300 ℃,保持 10 min。

(3) 质谱条件:采用化学(CI)电离模式,离子源温度为 230 ℃,选择离子监测模式,HBB 扫描离子为 547.5、549.5,五溴苯的扫描离子为 471.6、473.6,四溴苯的扫描离子为 391.6、393.8,三溴苯的扫描离子为 313.9、315.8,二溴苯的扫描离子为 235.0、236.4。

运用上述方法,利用气相色谱-质谱联用仪对移取的光降解溶液中的 HBB、五溴苯、四溴苯、三溴苯和二溴苯的响应进行测定。

五、数据分析

根据测定结果,利用校准曲线计算不同降解时长下降解溶液中 HBB 的浓度,绘制 HBB 的光降解的动力学曲线,计算降解速率常数。假设五溴苯、四溴苯、三溴苯和二溴苯的仪器响应与 HBB 相同,利用 HBB 的校准曲线计算不同降解时长下降解溶液中五溴苯、四溴苯、三溴苯和二溴苯的浓度,推测 HBB 可能的光降解途径。

六、注意事项

1. 实验过程中,转移和移取不同浓度的 HBB 溶液时,注意避免交叉污染。
2. HBB 的含量也可利用气相色谱仪(配 ECD 检测器)测定。

七、思考与分析

1. HBB 在不同溶液中降解速率是否会有变化?
2. HBB 的起始浓度是否会影响其光降解速率常数?

实验十五 水体中喹诺酮类抗生素环丙沙星和诺氟沙星的残留

喹诺酮类抗生素具有广谱抗菌、抗菌活性强、交叉耐药和毒副作用小等特点，被广泛应用于治疗人类和动物的感染性疾病。在被人类和动物食用后，大约25%～75%的抗生素会随着排泄物以原药或代谢产物的形式进入河流、湖泊水体及沉积物等环境介质中。环境中抗生素残留可以诱导耐药基因的产生，使微生物对抗生素产生耐药性，从而对人类健康和生态环境造成进一步的危害。我国是抗生素生产和消费大国，环境水体中的抗生素值得关注。

一、实验目的

1. 掌握水体中痕量新污染物环丙沙星和诺氟沙星的富集、净化、测定原理及方法。
2. 熟悉液相色谱法的原理，操作与使用方法。

二、实验原理

环丙沙星和诺氟沙星是两类常用的喹诺酮类抗生素，在河流水体环境中普遍存在。实验利用固相萃取法富集水样中的环丙沙星和诺氟沙星，然后洗脱富集的目标化合物，浓缩后利用液相色谱测定。环丙沙星和诺氟沙星的波长在260～280 nm时具有较强的紫外吸收性，所以选取紫外检测器进行检测。

三、仪器与材料

1. 仪器

高效液相色谱仪(紫外检测器)、固相萃取仪、氮气吹干仪。

2. 材料

C18反相高效液相色谱柱、HLB固相萃取柱(200 mg，6 mL)、0.45 μm玻璃纤维滤膜、甲醇、乙腈(色谱纯)、乙二胺四乙酸二钠(Na_2EDTA)(分析纯)、甲酸(色谱纯)、环丙沙星和诺氟沙星标准贮备液(1000 ng/mL)。

四、实验步骤

1. 样品准备及处理

采集河流或湖泊水体样本4 L，储存在棕色玻璃瓶中，4 ℃避光保存。

2. 样品富集与提取

取1 L水样，过0.45 μm玻璃纤维滤膜除去悬浮颗粒物，收集滤液，加入0.5 g乙二胺四乙酸二钠(Na_2EDTA)，用浓度为3 mol/L的稀硫酸调节pH为3.0，以3～5 mL/min的速度通过已活化的HLB固相萃取柱富集目标化合物。富集水样前，固相萃取柱依次使用10 mL甲醇、6 mL超纯水进行淋洗活化。待水样全部通过固相萃取柱后，将萃取柱里的水分抽干。使用12 mL甲醇洗脱固相萃取柱，洗脱液收集于试管中。利用氮气吹干仪将洗脱液氮吹至近干(0.2 mL 左右),甲醇定容至 0.5 mL,待测。

3. 校准曲线

以甲醇逐级稀释环丙沙星和诺氟沙星标准贮备液(1 000 ng/mL),配制浓度为 0.1 ng/mL、0.5 ng/mL、1.0 ng/mL、5.0 ng/mL、10.0 ng/mL、100.0 ng/mL 的 6 个系列标准溶液,利用高相液相色谱仪测定分析后获得不同浓度的环丙沙星和诺氟沙星的响应峰面积,绘制校准曲线。

高效液相色谱条件:柱温为 40 ℃;流动相 A 为 0.1%(体积分数)甲酸水溶液,流动相 B 为乙腈,等度洗脱,流动相 A 与流动相 B 的体积比为 1∶4;进样量为 5 μL;流速为 0.4 mL/min;紫外检测器检测波长为 270 nm。

4. 样品测定

运用高效液相色谱仪按上述条件测定样品中环丙沙星和诺氟沙星的响应,得到峰面积,代入校准曲线计算目标化合物的浓度。每 5 个样品添加一个溶剂空白样品,避免背景干扰。

五、数据处理

水体中环丙沙星和诺氟沙星的浓度 C(ng/L)按式(15-1)计算:

$$C=\frac{C_{测}\times V_{测}}{V_{水}} \tag{15-1}$$

式中:$C_{测}$——依据峰面积运用校准曲线计算的目标化合物浓度,ng/mL;

$V_{测}$——样品进样前定容体积,mL;

$V_{水}$——水样体积,L。

六、注意事项

1. 环丙沙星和诺氟沙星具有荧光发射特征,也可考虑使用荧光检测器进行检测。

2. 实验中需要同时进行空白加标实验,以空白样品中环丙沙星和诺氟沙星的回收率作为富集和提取效率的重要指标。

七、思考题

1. 固相萃取柱富集水体中环丙沙星和诺氟沙星的原理是什么?

2. 为什么使用 0.1%甲酸水溶液作为流动相?

3. 环境介质中检出的环丙沙星和诺氟沙星有何潜在健康危害和生态效应?

实验十六　饮用水中多环芳烃的摄入风险

污染物在生物体内的转运主要包括吸收和分布。吸收是污染物从机体外，通过生物体的消化管、呼吸道和皮肤等途径通透体膜进入血液的过程。饮水是污染物质进入生物体内的一种重要途径。多环芳烃(polycyclic aromatic hydrocarbons，PAHs)是一类半挥发性有机污染物，在大气、水体、土壤等环境介质中普遍存在。地表水中的PAHs通常可指示工业废物排放引起的污染。PAHs单体具有致畸、致癌、致突变的效应。自来水是居民日常生活饮用水，含PAHs的自来水可能对人体健康造成危害。此外，我国目前主要采取氯化法进行自来水消毒，水体中的PAHs在这个过程中还可能生成毒性更强的卤代PAHs。因此，PAHs经饮水摄入值得关注。

一、实验目的

1. 掌握水体中痕量污染物PAHs的提取和净化的方法。
2. 学习运用内标法对水体中PAHs的含量进行准确测定。
3. 了解人体摄入水体中PAHs的暴露风险评价方法。

二、实验原理

PAHs在水体中的含量处于痕量水平，无法直接进行测定。由于PAHs极性低且具有较高辛醇-水分配系数，本实验首先运用固相萃取柱对水体中PAHs进行富集，富集的PAHs洗脱后在柔和的氮气下浓缩。利用气相色谱-质谱联用仪对样品中的PAHs进行分离和测定，并结合内标法对其进行准确的定量。最后，基于水体中PAHs的浓度，评估人体摄入水体中多环芳烃的暴露风险。

三、仪器与材料

1. 仪器

气相色谱-质谱联用仪、固相萃取仪、氮气吹干仪、烘箱。

2. 材料

(1) 二氯甲烷、甲醇和正己烷(均为色谱纯)；无水硫酸钠。

(2) 16种优控PAHs系列校准溶液(详见附录一)。

(3) 氘代PAHs内标混合溶液(15种PAHs单体，浓度均为1 μg/mL)(详见附录一)。

(4) C18-SPE固相萃取柱(500 mg，6 mL)。

四、实验步骤

1. 样品采集

采集自来水水样2 L置于预先洗净烘干的具塞棕色细口玻璃瓶中，采样前不能用水样预洗采样瓶，以防止样品的沾染或吸附。采样瓶要完全注满，不留气泡。样品采集后应避光于4 ℃以下冷藏，在7 d内完成萃取，萃取后的样品应避光于4 ℃以下冷藏，在40 d内分析完毕。

2. 样品富集与净化

将C18-SPE固相萃取柱安装至固相萃取仪上,依次添加5 mL色谱纯二氯甲烷、色谱纯甲醇和超纯水活化C18-SPE固相萃取柱,洗脱液弃去,待液面将干时,添加1 L水体样本,控制液体逐滴流下。待水样全部添加后,抽干。加入10 mL色谱纯二氯甲烷洗脱,使用10 mL比色管收集洗脱液。洗脱液中加入25 μL氘代PAHs内标混合溶液,并加入适量无水硫酸钠振荡去水。静置,上层清液转入干燥的10 mL离心管。离心分层后,取上层清液于另一干燥的10 mL离心管里,置于氮气吹干仪下浓缩,定容至0.5 mL,置于冰箱中待测。

3. 校准曲线绘制

按实验五所述方法,运用气相色谱-质谱联用仪测定16种优控PAHs系列校准溶液中各PAHs单体及其内标化合物的响应,绘制校准曲线。

4. 样品测定

运用气相色谱-质谱联用仪对样品中的PAHs进行测定,记录样品中目标化合物及内标化合物的峰面积。

五、数据处理

1. PAHs的浓度计算

根据校准曲线方程、采样体积和内标化合物加入量,按式(16-1)计算自来水中PAHs的浓度:

$$C_s=\left(k\frac{A_n}{A_i}+b\right)\times\frac{m_i}{V} \tag{16-1}$$

式中:C_s——自来水中PAHs的浓度,ng/L;

A_n——样品中目标化合物定量离子的峰面积;

A_i——样品中内标化合物定量离子的峰面积;

m_i——样品中内标化合物加入量,25 ng;

V——样品采样体积,1 L;

k——校准曲线方程中的斜率;

b——校准曲线方程中的截距。

2. 摄入暴露风险评估

依据测定结果,将水体样本中PAHs的浓度转换为相当于苯并[a]芘的浓度(转换系数见附录一),按式(16-2)评估人体摄入水体中PAHs的致癌风险。

$$\mathrm{CR}=\frac{C\times\mathrm{SF}\times\mathrm{EF}\times\mathrm{ED}\times\mathrm{IRS}\times10^{-6}}{\mathrm{AT}\times\mathrm{BW}} \tag{16-2}$$

式中:CR——水体摄入致癌风险;

C——水体中PAHs相当于苯并[a]芘的浓度,ng/L;

SF——苯并[a]芘致癌斜率因子,mg/(kg·d);

EF——水体年摄入频率,365 d/a;

ED——暴露时长,50 a;

IRS——水体日摄入量,1.5 L/d;

AT——平均作用时间,255 500 d;

BW——体重，60 kg。

致癌风险判断标准：当 CR< 10^{-6} 时，表明无致癌风险；当 CR> 10^{-6} 时，表明存在潜在致癌风险；当 CR> 10^{-4} 时，表明具有致癌风险。

六、注意事项

1. 使用洁净的容器采集水样，避免污染。
2. 实验过程中样本间的滴管、比色管、离心管等不能混淆，避免交叉污染。
3. 离心管和滴管不能残留水分，否则将影响 PAHs 的气质测定。
4. 氮吹时要注意观察，切记不能吹干。
5. 此实验为痕量实验，所有玻璃仪器必须清洗干净。

七、思考题

1. 污染物质在生物体内的转运和消除包括什么？
2. 水体样品富集后，为什么要把 C18-SPE 固相萃取柱吹干？

实验十七　饮用水中铜、锌、镉、铅日暴露与健康风险评价

据世界卫生组织(WHO)调查,人类80%的疾病与水相关,长时间饮用不洁净、不达标的水会引起多种疾病。饮用水中有些物质即使剂量低,长期暴露也可能对人体健康产生危害。铜(Cu)、锌(Zn)是人体的必需微量元素,但摄入过量易对健康造成危害;镉(Cd)、铅(Pb)可以在人体蓄积,可能危害呼吸系统、消化系统、神经系统。因此,在关注饮用水中重金属超标的同时,更要关注重金属超标对生物机体的影响程度,需对饮用水进行健康风险评价,以定量评估人群暴露于污染物所产生的健康危害。

一、实验目的

1. 了解饮用水重金属污染的现状及对饮用水进行健康风险评价的意义。
2. 掌握饮用水中Cu、Zn、Cd和Pb日暴露量的计算方法。
3. 通过评估Cu、Zn、Cd和Pb的致癌风险和非致癌风险,了解饮用水中重金属健康风险。

二、实验原理

1. 饮用水中Cu、Zn、Cd和Pb的火焰原子吸收分光光度法

水样中金属离子被原子化后,吸收来自该金属元素空心阴极灯发出的共振线(Cu:324.7 nm;Zn:213.9 nm;Cd:228.8 nm;Pb:283.3 nm),吸收共振线的量与样品中该元素的含量成正比。在其他条件不变的情况下,测量吸收后的谱线强度,与标准系列比较对金属元素进行定量分析。

2. 健康风险评价方法

按照美国环境保护署(USEPA)健康风险评价模型,利用《中国人群暴露参数手册(成人卷)》中北京市的推荐值和依据国际癌症研究中心(IARC)的化学物质分类(第1级和2A、2B级的化学物质具有一定的致癌性)进行致癌风险评价,其余的进行非致癌风险评价。

(1) 计算通过饮用水暴露的金属物质的日暴露剂量(CDI),参数符号意义见表17-1:

$$\mathrm{CDI}=\frac{\mathrm{IR}\times C_{\mathrm{w}}\times \mathrm{ED}\times \mathrm{EF}}{\mathrm{BW}\times \mathrm{AT}} \tag{17-1}$$

表17-1　饮水途径暴露参数

参数符号	意　义	单　位	取　值
CDI	日暴露剂量	mg/(kg·d)	
IR	饮水摄入量	L/d	2.325
C_{w}	目标污染物的质量浓度	mg/L	检测值
ED	暴露持续时间	a	80.18
EF	暴露频率	d/a	365
BW	暴露人群的体重	kg	66.9
AT	平均接触时间	d	29 265.7

注:取值参考《中国人群暴露参数手册(成人卷)》中北京市的推荐值。

（2）经饮用水暴露导致的单项致癌风险和总致癌风险以及非致癌风险应用危害商来评价，计算公式如下：

致癌风险评价：

$$R_i = CDI \times SF \tag{17-2}$$

$$TR = \sum_{i=1}^{k} R_i \tag{17-3}$$

非致癌风险评价：

$$HQ_i = \frac{CDI}{RfD} \tag{17-4}$$

$$THQ = \sum_{i=1}^{j} HQ_i \tag{17-5}$$

式中：R_i——经饮用水中特定有害健康效应而导致的终生超额危险度，即单项致癌风险；

SF——致癌物质的致癌斜率系数，(kg · d)/mg；

TR——总致癌风险；

RfD——非致癌物的日均摄入剂量，mg/(kg · d)；

HQ_i——特定非致癌健康效应而产生的非致癌的终生超额危险度，即单项危害商值；

THQ——总的终生危险度。

SF 和 RfD 参考 EPA 的综合风险信息系统(IRIS)和风险评价信息系统的数据(表 17-2)。

表 17-2 饮水途径 Pb、Cd、Cu 和 Zn 重金属暴露健康风险评价的参数 SF 和 RfD 值

致癌物质	致癌斜率系数(SF)/[(kg · d)/mg]	非致癌物质	日均摄入剂量(RfD)/[mg/(kg · d)]
Pb	8.50×10^{-3}	Cu	0.04
Cd	6.3	Zn	0.30

3. 饮用水健康风险评价的判定标准

依据 USEPA 推荐的致癌物健康风险值：致癌物风险值在 1×10^{-4} 以上时，认为风险不可接受；风险值在 $1\times10^{-6}\sim1\times10^{-4}$ 时，认为风险是可以接受的；风险值在 1×10^{-6} 以下时，可认为对健康不产生危害。非致癌物健康风险评价标准为危害商值<1。

三、仪器与材料

1. 仪器

原子吸收分光光度计；Cu、Zn、Cd、Pb 空心阴极灯；电热板；0.45 μm 滤膜；天平；1000 mL 容量瓶。

2. 材料

硝酸(ρ_{20}=1.42 g/mL)，优级纯；盐酸(ρ_{20}=1.19 g/mL)，优级纯。

Cu 标准贮备溶液(ρ_{Cu}=1 μg/L)：称取 1.000 g 纯铜粉($\omega_{Cu}\geq$99.9%)，溶于 15 mL 硝酸溶液($V_{硝酸}$ ∶ $V_{水}$=1 ∶ 1)中，用超纯水定容至 1000 mL。

Zn 标准贮备溶液(ρ_{Zn}=1 mg/mL)：称取 1.000 g 纯锌($\omega_{Zn}\geq$99.9%)，溶于 20 mL 硝

酸溶液($V_{硝酸}$: $V_{水}$=1 : 1)中,用超纯水定容至1 000 mL。

Cd标准贮备溶液(ρ_{Cd}=1 mg/mL):称取1.000 g纯镉粉,溶于5 mL硝酸溶液($V_{硝酸}$: $V_{水}$=1 : 1)中,用超纯水定容至1 000 mL。

Pb标准贮备溶液(ρ_{Pb}=1 mg/mL):称取1.598 5 g经干燥的硝酸铅,溶于约200 mL超纯水中,加入1.5 mL硝酸(ρ_{20}=1.42 g/mL),用超纯水定容至1 000 mL。

所用试剂均为分析纯,实验用水为超纯水。

四、实验步骤

1. 水样预处理

将水样通过0.45 μm滤膜过滤,然后按每升水样加1.5 mL硝酸酸化使pH小于2。于每升酸化水样中加入5 mL硝酸。混匀后取定量水样,按每100 mL水样加入5 mL盐酸的比例加入盐酸。在电热板上加热15 min,冷却至室温后,用玻璃砂芯漏斗过滤,最后用超纯水稀释至一定体积。

2. 水样测定

将Cu、Zn、Cd和Pb标准贮备溶液用每升含1.5 mL硝酸的纯水稀释,并配制成下列浓度(mg/L)的标准系列:Cu,0.20~5.0;Zn,0.050~1.0;Cd,0.050~2.0;Pb,1.0~20(所列测量范围受不同型号仪器的灵敏度及操作条件的影响而变化时,可酌情改变上述测量范围)。将标准贮备溶液、空白溶液和样品溶液依次喷入火焰,测量吸光度。绘制校准曲线并查出各待测金属元素的含量,计算水样中待测金属的含量(mg/L)。

3. 质量控制

取3份平行样品,每个样品测定3次,取其算术平均值。使用单一重金属标准贮备溶液。计算饮用水中的回收率范围和变异系数(表17-3)。

表17-3 饮用水样品的加标实验结果

样品	标准物参考值	测试结果				加标回收率/%				变异系数/%
		1	2	3	平均值	1	2	3	平均值	
饮用水/(μg/L)										

4. 饮用水中Cu、Zn、Cd和Pb的致癌风险和非致癌风险评价

依据式(17-1)~式(17-3),计算出日均暴露剂量CDI、单项致癌风险R_i、总致癌风险TR、单项危害商值HQ_i及总危险度THQ(表17-4)。

表17-4 饮用水中Cu、Zn、Cd和Pb的致癌风险和非致癌风险

待测金属	日均暴露剂量 CDI/[mg/(kg·d)]	致癌风险评价		非致癌风险评价	
		R_i	TR	HQ_i	THQ
Cu					
Zn					
Cd					
Pb					

五、数据处理

1. 根据校准曲线可以确定饮用水中 Cu、Zn、Cd 和 Pb 的含量(mg/L),并与我国《地表水环境质量标准》(GB 3838—2002)[Ⅱ类：Cu、Zn、Cd 和 Pb 的标准限值(mg/L)分别为 1.0、1.0、0.005、0.01；Ⅲ类：Cu、Zn、Cd 和 Pb 的标准限值(mg/L)分别为 1.0、1.0、0.005、0.05]进行比较,判断测定水样的水质。

2. 根据各重金属含量,按式(17-1)～式(17-3),计算出日均暴露剂量 CDI、单项致癌风险 R_i、总致癌风险 TR、单项危害商值 HQ_i 及总危险度 THQ。

3. 依据判定标准对实验水样重金属进行健康风险评价。

六、注意事项

1. 所有玻璃器皿,使用前均须先用硝酸溶液($V_{浓硝酸}:V_{水}=1:9$)浸泡,并直接用纯水清洗。特别是测定锌所用的器皿,更应严格防止与可能含锌的水(如自来水)接触。

2. 本实验采用 USEPA 推荐的健康风险模型,健康风险评价中的风险估值可能存在不确定性,虽然暴露评价参照了《中国人群暴露手册(成人卷)》中北京市人群平均寿命、平均体重和日均饮水量,控制了地区间的差异,但是实际饮水量受季节影响比较大,各季节活动强度不同,人群饮水量有差别。

3. 环境污染物的暴露途径多样,本实验仅关注了饮水途径暴露情况,没有考虑皮肤接触、吸入、食物摄入等其他途径的重金属元素暴露情况；另外,人体生物放大效应较复杂,忽略了污染物对人体健康危害的协同或拮抗作用,这些都会使健康风险评价的结果产生一定的偏差。

七、思考题

1. 为什么要对生活饮用水进行健康风险评价?

2. 考虑应从哪些方面完善健康风险评价?

3. 原子吸收法测定 Cu、Zn、Cd 和 Pb 的原理是怎样的,如何消除基体干扰?

实验十八　水-土壤中微塑料的分布特征

国际上广泛关注的新污染物主要有持久性有机污染物、环境内分泌干扰物、抗生素和微塑料。微塑料是尺寸小于5 mm的塑料颗粒，主要材质包括聚丙烯、聚乙烯、聚苯乙烯，大体呈纤维状、颗粒状、薄膜状、泡沫状和碎片状。微塑料可在环境介质中负载多氯联苯、有机氯农药等持久性有机污染物污染而形成有机污染球体，对生物产生各种确定和不确定的危害。本实验拟通过水-土壤典型环境介质中微塑料的监测分析，加深对新兴污染物环境行为的理解。

一、实验目的

1. 了解微塑料的分离和分析方法。
2. 理解新材料、新技术与环境污染间的辩证关系。

二、实验原理

微塑料尺寸小，不易从环境介质中分离。采用高密度盐溶液浸提法，微塑料因密度差异可悬浮在溶液表面，再以双氧水等强氧化剂破坏腐植酸等天然大分子有机物，以及脂肪酸等附着于微塑料表面的小分子有机物，于显微镜下挑选即可分离得到可能的微塑料。

确定是否是微塑料，分析其主要组分，可以利用红外分光光度法测定特征官能团的方法完成。物质的分子结构不同，导致物质红外吸收行为差异。以一定频率的红外线照射物质分子时，若分子中基团的振动频率与红外线频率一致，则红外线的能量可传递给分子，分子的偶极矩发生变化，造成振动跃迁。测定物质对特征频率红外线的吸收情况，即可反映分子中是否存在特征官能团，这也是判定物质是否是微塑料和判断微塑料种类的依据。

三、仪器与材料

1. 仪器

光学显微镜、傅里叶变换红外光谱仪、真空抽滤机、空气泵。

2. 材料

氯化锌、30%双氧水、溴化钾、0.45 μm玻璃纤维滤膜、玻璃皿。

四、实验步骤

1. 样品采集

采集具有一定环境关联的水和土壤样品，如河流的表面水和岸边的土壤。水样采集使用金属取样器，贮存在玻璃瓶中，取样量为1 L；土壤采样使用金属铲，贮存在锡纸包中，取样量为200 g。

2. 微塑料的提取

取100 mL水样抽滤，将滤膜置于玻璃皿中备用。

以四分法取5 g土壤样品，置于200 mL烧杯中，倒入100 mL浓度为1.6 g/cm^3 的氯化钠溶液，混匀，磁力搅拌，鼓入适量空气使微塑料上浮。静置 24 h 后取上清液，混匀后取 50 mL 上清液加入 50 mL 双氧水，磁力搅拌，50 ℃反应 24 h，抽滤，将滤膜置于玻璃皿中备用。

使用显微镜目视观察滤膜(放大倍数 100～2 000)，用镊子夹取微塑料颗粒，置于玻璃皿中备用，记录微塑料的颜色、形状等信息。

3. 微塑料的定性分析

在红外灯照射下，将微塑料和溴化钾共同压片，使用傅里叶变换红外光谱仪分析微塑料的红外线吸收特征。

傅里叶变换红外光谱仪扫描参数：扫描范围为 4 000～500 cm^{-1}，分辨率为 8 cm^{-1}，扫描次数为 32 次，扫描前消除背景干扰。

五、数据处理

1. 比较水样和土壤样品中微塑料的数量与种类的相关性。
2. 将测得的红外光谱去基线并归一化，分析特征吸收峰的位置和相对强度。

六、注意事项

1. 水样和土壤样品在采集时应注意可能的环境关联性，土壤样品的采集应注意均匀和代表性。
2. 实验过程中尽量避免使用塑料制品，以免引入塑料颗粒。
3. 显微镜观察时注意每一个视野采用相同识别标准，逐一观察视野整片滤膜，不遗漏。

七、思考题

1. 请分析实验中哪些过程可能引入误差或不确定性，是否有方法控制。
2. 请尝试分析实验样品中微塑料的可能来源。
3. 请思考应该如何应对环境中的微塑料污染？

三、土 壤 篇

实验十九　土壤阳离子交换量测定

土壤的阳离子交换性能由土壤胶体表面性质决定，由有机质的交换基与无机质的交换基所构成，前者主要是腐殖酸类物质，后者主要是黏土矿物。它们在土壤中互相结合，形成复杂的有机无机胶质复合体，所能吸收的阳离子总量即为阳离子交换量(cation exchange capacity，CEC)。其交换过程是土壤固相阳离子与溶液中的阳离子起等量交换作用。阳离子交换量的大小，是表示土壤吸附性质的重要指标，也可以作为评价土壤保水、保肥能力的指标，是改良土壤和合理施肥的重要依据之一。

一、实验目的

1. 理解土壤 CEC 的内涵及其环境化学意义。
2. 掌握土壤 CEC 的测定原理和方法。

二、实验原理

土壤所能吸附和交换的阳离子的容量，用每千克土壤所含的全部交换性阳离子的厘摩尔数(cmol/kg)表示。

三氯化六氨合钴浸提法原理：在(20±2)℃条件下，用三氯化六氨合钴溶液作为浸提液浸提土壤，土壤中的阳离子被三氯化六氨合钴交换出来进入溶液。三氯化六氨合钴在 475 nm 处有特征吸收峰，吸光度与浓度成正比，根据浸提前后浸提液吸光度差值，计算土壤阳离子交换量。

三、仪器与材料

1. 仪器

紫外可见分光光度计、恒温振荡器、控温磁力搅拌器、离心机、分析天平(0.1 mg)、1.5 mm(10 目)尼龙筛。

2. 材料

三氯化六氨合钴[$Co(NH_3)_6Cl_3$](分析纯)、10 mL 比色管、10 mm 比色皿、250 mL 容

量瓶、100 mL 离心管、移液枪、超纯水。

四、实验步骤

1. 校准曲线的建立

配置浓度为 1.66 cmol/L 的三氯化六氨合钴溶液，分别量取 0.00 mL、1.00 mL、3.00 mL、5.00 mL、7.00 mL、9.00 mL 上述溶液于 6 个 10 mL 比色管中，分别用超纯水稀释至标线，三氯化六氨合钴的浓度分别为 0.000 cmol/L、0.166 cmol/L、0.498 cmol/L、0.830 cmol/L、1.160 cmol/L 和 1.490 cmol/L。用 10 mm 比色皿在波长 475 nm 处，以超纯水为参比，分别测量吸光度。以标准系列溶液中三氯化六氨合钴溶液的浓度(cmol/L)为横坐标，以其对应吸光度为纵坐标，建立校准曲线。

2. 土壤样品的制备及测定

将风干的土壤样品过 1.5 mm 尼龙筛，充分混匀。称取 3.5 g 混匀后的样品，置于 100 mL 离心管中，加入 50.0 mL 配置好的浓度为 1.66 cmol/L 的三氯化六氨合钴溶液，旋紧离心管密封盖，置于恒温振荡器上，在(20±2) ℃条件下振荡 60 min，调节振荡频率在 150～200 r/min，使土壤浸提液混合物在振荡过程中保持悬浮状态。以 4 000 r/min 离心样品 10 min，收集上清液于比色管中。用 10 mm 比色皿在波长 475 nm 处，以超纯水为参比，测量溶液吸光度，上述分析需在 24 h 内完成且均重复三次取平均值。

3. 空白试样的制备

用实验用水代替土壤进行实验室空白试样的制备。具体为称取 3.5 g 实验用水，置于 100 mL 离心管中，加入 50.0 mL 配置好的浓度为 1.66 cmol/L 的三氯化六氨合钴溶液，旋紧离心管密封盖，置于恒温振荡器上，在(20±2) ℃条件下振荡 60 min，调节振荡频率在 150～200 r/min，使土壤浸提液混合物在振荡过程中保持悬浮状态。以 4000 r/min 离心样品 10 min，收集上清液于比色管中。用 10 mm 比色皿在波长 475 nm 处，以水为参比，测量溶液吸光度，上述分析需在 24 h 内完成且均重复三次取平均值。

五、数据处理

根据式(19-1)计算土壤样品的阳离子交换量。

$$\mathrm{CEC}=\frac{(A_0-A)\times V\times 3}{b\times m\times w_{\mathrm{dm}}} \tag{19-1}$$

式中：CEC——土壤样品阳离子交换量，cmol/kg；

A_0——空白试样吸光度；

A——试样吸光度或校正吸光度；

V——浸提液体积，mL；

3——$[Co(NH_3)_6]^{3+}$的电荷数；

b——校准曲线斜率；

m——取样量，g；

w_{dm}——土壤样品干物质含量，%。

六、注意事项

1. 配置的浓度为 1.66 cmol/L 的三氯化六氨合钴溶液应在 4℃条件下低温保存。

2. 每批样品应做校准曲线,校准曲线的相关系数不应小于 0.999。

3. 实验过程中产生的废液和废物应分类收集与保管,并做好相应标识,委托有资质的单位进行处理。

七、思考题

1. 试了解其他测定土壤阳离子交换量的方法,并从原理上同本实验所采用的方法进行比较。

2. 影响阳离子交换吸附的因素有哪些?

实验二十 酸性降水条件下的土壤总氮淋溶特征

酸性降水可导致建筑物腐蚀、森林倒伏、土壤质量恶化等诸多局地-区域规模的生态环境问题。人类活动向大气中大量排放二氧化碳、二氧化硫、氮氧化合物等污染物，这些污染物会显著影响降水的酸度，是酸雨的主要诱因。了解不同酸性降水对土壤主要组分迁移规律的影响，有助于进一步认识酸雨的环境影响机制。

一、实验目的

1. 了解酸性降水的生成机制和环境影响。
2. 掌握固体样品淋溶浸出操作和氮的测定方法。
3. 理解酸性降水对土壤组分迁移的影响。

二、实验原理

酸雨通常由降水中的硫氧化物和氮氧化物组分引起，多为混合强酸体系。本实验以硝酸、硫酸配置不同 pH 的稀溶液，模拟不同酸度的降水，并通过不同的固液比、淋溶时间，模拟降水强度的差异，从而在实验室中建立自然降水淋溶土壤的模拟体系，反映降水酸度对土壤组分的迁移行为影响。

淋溶液中的总氮采用碱性过硫酸钾消解紫外分光光度法测定。在加热条件下，过硫酸钾可分解产生硫酸氢钾和原子态氧，硫酸氢钾在溶液中进一步解离产生氢离子，碱性条件可促使上述分解过程趋于完全。原子态氧在 120～124 ℃条件下，可使水样中的含氮化合物转化为硝酸盐，同时分解有机物。通常情况下，在一定范围内，总氮在 220 nm 和 275 nm 波长的紫外吸光度与其浓度正相关。

三、仪器与材料

1. 仪器

翻转振荡器、紫外分光光度计、医用手提式蒸汽灭菌器、5 mL 注射器、25 mL 和 10 mL 容量瓶。

2. 材料

土壤、去离子水、浓硫酸、浓硝酸、氢氧化钠、过硫酸钾、浓盐酸、硝酸钾。

碱性过硫酸钾溶液：称取 40.0 g 过硫酸钾溶于 600 mL 水中(可置于 50 ℃水浴中加热至全部溶解)；另称取 15.0 g 氢氧化钠溶于 300 mL 水中。待氢氧化钠溶液温度冷却至室温后，混合两种溶液定容至 1 000 mL，存放于聚乙烯瓶中，可保存一周。

浓度为 100 mg/L 的硝酸钾标准贮备液：称取 0.721 8 g 硝酸钾溶于适量水，移至 1 000 mL 容量瓶中，用水定容至标线，混匀。加入 1～2 mL 三氯甲烷作为保护剂，在 0～10 ℃暗处保存，可稳定 6 个月。也可直接购买市售标准溶液。

四、实验步骤

1. 土壤淋溶

将质量比为 2∶1 的浓硫酸和浓硝酸混合液加入去离子水中(1 L 去离子水中加入约 10 mL 混合液),得到淋溶贮备液。稀释淋溶贮备液,得到 pH 为 2～6 的系列淋溶液。取 20 g 土壤样品,加入 200 mL 淋溶液,封口,置于翻转振荡器内,以(30±2) r/min 的转速振荡(18±2) h。溶液过 0.45 μm 滤膜,取上清液,使用氢氧化钠溶液或硫酸溶液调节 pH 至 5～9,待测。

淋溶液体积可在 50～1 000 mL 选择,再选择 3 份淋溶液体积,按上述方法进行土壤淋溶,取上清液,使用氢氧化钠溶液或硫酸溶液调节 pH 至 5～9,待测。

2. 校准曲线绘制

量取 10.0 mL 硝酸钾标准贮备液至 100 mL 容量瓶中,用水定容至标线,混匀(临用现配),得到浓度为 10 mg/L 的硝酸钾标准使用液。分别量取 0.00 mL、0.20 mL、0.50 mL、1.00 mL、3.00 mL 和 7.00 mL 硝酸钾标准使用液于 25 mL 具塞磨口玻璃比色管中,其对应的总氮(以 N 计) 含量分别为 0.00 μg、2.00 μg、5.00 μg、10.0 μg、30.0 μg 和 70.0 μg。加水稀释至 10.0 mL,再加入 5.0 mL 碱性过硫酸钾溶液,塞紧管塞,用纱布和线绳扎紧管塞,以防弹出。将比色管置于高压蒸汽灭菌器中,加热至 120 ℃开始计时,保持温度在 120～124 ℃ 30 min。自然冷却、开阀放气,移去外盖,取出比色管冷却至室温,按住管塞将比色管中的液体颠倒混匀 2～3 次。

每个比色管分别加入 1.0 mL 盐酸溶液($V_{浓盐酸}$ ∶ $V_{水}$ =1∶9),用水定容至标线,盖塞混匀。使用 10 mm 石英比色皿,在紫外分光光度计上,以水作参比,分别于波长 220 nm 和 275 nm 处测定吸光度。

3. 淋溶液总氮的测定

取步骤 1 待测上清液 10 mL 于 25 mL 比色管中,按步骤 2 中的方法进行测定。

4. 空白试验

用 10.0 mL 水代替试样,按照步骤 2 所述方法进行测定。

五、数据处理

零浓度的校正吸光度 A_b、其他标准系列的校正吸光度 A_s 及其差值 A_r 按式(20-1)、式(20-2)和式(20-3)计算。以总氮 (以 N 计) 含量(μg)为横坐标,对应的 A_r 值为纵标绘制校准曲线。

$$A_b = A_{b220} - 2A_{b275} \tag{20-1}$$

$$A_s = A_{s220} - 2A_{s275} \tag{20-2}$$

$$A_r = A_s - A_b \tag{20-3}$$

式中:A_b——零浓度(空白)溶液的校正吸光度;

A_{b220}——零浓度(空白)溶液于波长 220 nm 处的吸光度;

A_{b275}——零浓度(空白)溶液于波长 275 nm 处的吸光度;

A_s——标准溶液的校正吸光度;

A_{s220}——标准溶液于波长 220 nm 处的吸光度；

A_{s275}——标准溶液于波长 275 nm 处的吸光度；

A_r——标准溶液校正吸光度与零浓度(空白)溶液校正吸光度的差。

校正吸光度在低浓度下与水体中总氮浓度线性正相关,结合校准曲线即可用内插法计算样品中总氮的浓度。使用不同体积淋溶液淋溶土壤后,比较待测上清液中总氮的浓度,分析淋溶液体积对土壤组分变化的影响。

六、注意事项

1. 土壤样品不均质性强,取土壤样品前应充分混匀。
2. 消解过程中,若比色管在高压蒸汽灭菌器中出现管口或管塞破裂,应重新取样分析。
3. 试样中的含氮量超过 70 μg 时,可减少取样量并加水稀释至 10.0 mL。

七、思考题

1. 降水中酸性物质对土壤养分的迁移影响机制是什么?
2. 实验中有哪些操作易引入误差?如何控制这些误差?
3. 不同降水水文条件下的酸性降水对土壤的淋溶有什么影响?如何从理论上解释?

实验二十一　铅在根际土壤-植物体系中的分布和迁移

重金属在土壤-植物体系的分布与迁移机制是重金属污染土壤生物修复和治理的理论基础。根际土壤是植物重金属污染的直接来源，重金属的富集及转运过程在根际土壤-植物之间进行。同时，植物根系能够向土壤中分泌有机酸、氨基酸、糖类和维生素等物质，它们可以对根际土壤污染物进行钝化和固定。铅对人体的危害主要表现为对神经系统、血液系统、心血管系统和骨骼系统等造成伤害。本实验研究根际土壤和植物各部分(根、茎、叶)铅的污染水平和迁移规律，对土壤污染防治具有实际意义。

一、实验目的

1. 了解土壤铅污染的现状，掌握根际土壤和植物中铅的测定方法。

2. 通过测定根际土壤和植物各部分(根、茎、叶)铅的含量，掌握在根际土壤-植物体系评价铅的分布特征和迁移规律的重要性。

3. 培养学生独立开展综合设计实验的能力及操作技能。

二、实验原理

本实验参考国家标准《土壤质量 铅、镉的测定 石墨炉原子吸收分光光度法》(GB/T 17141—1997)测定铅，将根际土壤和植物根茎叶试样用硝酸-氢氟酸-高氯酸或盐酸-硝酸-氢氟酸-高氯酸分解，将试样溶液直接吸入空气-乙炔火焰，在火焰中形成的铅基态原子蒸气对光源发射的特征电磁辐射产生吸收。将测得的试样溶液吸光度扣除全程序试剂空白吸光度，与标准溶液的吸光度进行比较，确定根际土壤和植物根茎叶试样中铅的含量。

三、仪器与材料

1. 仪器

原子吸收分光光度计、空气-乙炔火焰原子化器、背景扣除装置、铅空心阴极灯、聚四氟乙烯坩埚、10 mL 移液管、25 mL 和 10 mL 容量瓶。仪器工作条件见表 21-1(此表为参考值，随仪器型号而异)。

表 21-1　仪器工作条件

元　素	铅
光源	空心阴极灯
测定波长/nm	283.3
通带宽度/nm	1.3
灯电流/mA	7.5
火焰类型	空气-乙炔，氧化型，蓝色火焰

2. 材料

(1) 铅标准贮备液：称取 110 ℃烘干 2 h 的硝酸铅 1.599 g 溶于水中，加入 10 mL 浓硝酸后定容至 1 000 mL，此溶液浓度为 1.00 mg/mL。

(2) 硝酸、氢氟酸、高氯酸、硝酸镧。

所用试剂为分析纯，实验用水为去离子水。

四、实验步骤

1. 样品预处理

根际土壤样品制备：采集根际土壤样品，剔除其中的石块、农作物等杂物，将其放入烘箱于110 ℃烘干至恒重，过0.85 mm(20 目)尼龙筛，过筛后的样品采用四分法处理并研磨，过0.075 mm(200 目)尼龙筛，用自封袋密封备用。

植物样品制备：用去离子水清洗采集的植物根、茎、叶样品3遍，晾干。放入烘箱，杀青后，烘干至恒重。磨碎，过0.075 mm(200 目)尼龙筛，用自封袋密封备用。

2. 试液制备

(1) 根际土壤样品消化：称取约0.500 0 g样品于25 mL聚四氟乙烯坩埚中，用少许水润湿，加入10 mL盐酸，在电热板上低温加热溶解2 h，然后加入15 mL硝酸继续加热，至溶解物余下约5 mL时，加入5 mL氢氟酸并加热分解氧化硅及胶态硅酸盐，最后加入5 mL高氯酸加热蒸发至近干，再加入1 mL硝酸($V_{硝酸}$ ∶ $V_{水}$ = 1 ∶ 5)，加热溶解残渣，加入0.25 g硝酸镧溶解定容至25 mL，同时做全程序试剂空白。

(2) 植物样品消化：分别称取植物根、茎和叶样品2.000 g，放入125 mL三角瓶中，加入浓HNO_3 10 mL，摇匀，于电热板上约200 ℃加热半小时，冷却，加HNO_3-$HClO_4$混合酸10 mL，继续加热有浓白烟产生，说明已消化完全。冷却后用浓度为0.1 mol/L的HNO_3洗入25 mL容量瓶备用。

(3) 校准曲线的绘制：吸取铅标准操作液0.00 mL、0.20 mL、0.80 mL、1.60 mL、3.20 mL、6.40 mL，分别放入6个25 mL容量瓶中，各加入0.25 g $La(NO_3)_3 \cdot 6H_2O$，溶解后用0.2%硝酸稀释定容。该标准溶液含铅0 μg/L、1.60 μg/L、6.40 μg/L、12.80 μg/L、25.60 μg/L、51.20 μg/L；按仪器工作条件测定铅标准溶液的吸光度。

3. 样品测定

(1) 校准曲线法：按绘制校准曲线的条件测定试液的吸光度，扣除试剂空白的吸光度，从校准曲线上查得铅的含量。

(2) 标准加入法：分取试样溶液5.0 mL于4个10 mL容量瓶中，分别加入铅标准操作液0 mL、0.50 mL、1.00 mL、1.50 mL，用0.2%硝酸定容至10 mL，用曲线外推法求得试样中铅的含量。

4. 结果计算

铅含量(mg/kg)按式(21-1)计算：

$$铅含量 = \frac{cV}{m} \tag{21-1}$$

式中：c——从校准曲线上查得铅的含量，μg/L；

V——试样定容体积，mL；

m——称取试样的质量，g。

5. 根际土壤-植物体系中铅的迁移

(1) 生物富集系数

生物富集系数(biological concentration factor，BCF)是指植物中重金属含量与土壤中相应重金属含量之比。

$$BCF=\frac{C_p}{C_s} \tag{21-2}$$

式中：C_p——植物中重金属含量，mg/kg；

C_s——土壤中重金属含量，mg/kg。

(2) 转运系数

重金属转运系数(transfer factor，TF)是指植物的地上部位中重金属含量与相应重金属在植物地下部位中含量之比。其计算公式为：

$$TF=\frac{C_{地上}}{C_{地下}} \tag{21-3}$$

式中：$C_{地上}$——植物地上部位(茎和叶)的重金属含量，mg/kg；

$C_{地下}$——植物地下部位(根)的重金属含量，mg/kg。

五、数据处理

1. 根据式(21-1)计算根基土壤和植物根茎叶中铅的含量，并与《土壤环境质量　农用地土壤污染风险管控标准(试行)》(GB 15618—2018)(Pb 170 mg/kg)、当地土壤环境背景值及中国土壤元素背景值(Pb 26 mg/kg)进行比较，判断根际土壤污染程度。

2. 根据式(21-2)和式(21-3)计算铅的 BCF 和 TF。

六、注意事项

1. 采样与样品处理过程中，不能接触任何金属器械，更不能用报纸等摊晾样品，以免造成污染，影响实际含量值。

2. 分解试样在驱赶高氯酸时不可将试样蒸干，应为近干。若蒸至干则铁、铝盐可能生成难溶的氧化物而包藏铅，使结果偏低。最好是逐步升温，以防溶液溅出或消化不完全影响结果。

3. 铅虽然容易原子化且是受共存成分影响较小的元素，但由于灵敏度较低，有时须使用 217.0 nm 最灵敏线才能达到直接火焰法测定土壤铅的要求，但 217.0 nm 线比 283.3 nm 线更易受到土壤基体成分的干扰，所以在土壤样品分析中最好使用 283.3 nm 线。用塞曼效应或自吸收法扣除背景时，可选用 217.0 nm 分析线，这样能提高测定灵敏度，降低检测限。

七、思考题

1. 研究根际土壤-植物体系重金属的分布特征和迁移规律的重要性是什么？

2. 铅在植物根、茎、叶中的含量是否存在差异？

实验二十二　改良剂对土壤中铅和铜形态的影响

土壤污染的修复难度大、费用高、持续时间长，是环境科学与工程领域研究和技术应用的热点。添加改良剂，改变土壤的理化-生化性质，降低污染物在土壤中的迁移性和生物利用性，是土壤污染修复的可行思路之一。改良剂的主要功能为调节土壤理化性质(如土壤结构、水土保持能力等物理性状，土壤酸碱度、土壤盐渍化、重金属络合能力等化学性状，微生物群落多样性、土壤酶活性等生物性状)，改善土壤养分状况，保障农业生产活动的优质高效进行或使土壤组分性质达到土地用途所要求的水平。土壤中重金属分为可交换态、碳酸盐结合态、可还原态、可氧化态和残留态等形态。测定土壤中重金属的形态分布变化，对了解土壤中重金属的修复机理和效果具有重要意义。

一、实验目的

1. 了解土壤污染的现状、特点和其修复技术的进展。
2. 掌握土壤中污染物的迁移规律，认识土壤中典型重金属的钝化机制和过程。
3. 认识土壤改良中典型重金属的形态变化，掌握土壤重金属的污染评价方法。

二、实验原理

常用改良剂包括腐植酸、聚丙烯酰胺、粉煤灰、硫石膏、市政污泥、秸秆、禽畜粪便、生物质堆肥产品等。改良剂降低重金属生物利用性的主要机制可能为：①重金属与改良剂的组分反应，生成氢氧化物、硫酸盐、磷酸盐等难溶沉淀；②重金属与改良剂表面官能团或基团络合；③重金属吸附到改良剂的表面或孔隙上。重金属进入土壤后，通过溶解、沉淀、团聚、络合、吸附等作用，与土壤中的不同组分生成新的化学键结合，以某种离子或分子形式存在，表现出不同的活性和迁移特征，这就是土壤重金属的不同形态。操作上，通过控制提取溶剂的种类、浓度、温度等浸出条件，按结合强度由弱到强分离不同形态的重金属。

三、仪器与材料

1. 仪器

电感耦合等离子体质谱仪、恒温振荡器、离心机。

2. 材料

土壤、硝酸铅(分析纯)、硝酸铜(分析纯)、腐植酸、氯化镁、醋酸钠、盐酸羟胺(0.04 mol/L)、双氧水、硝酸、高氯酸、醋酸、醋酸胺。

1 000 μg/L 铅(Pb)、铜(Cu)贮备液：称取 3.802 0 g $Cu(NO_3)_2 \cdot 3H_2O$ 和 1.598 5 g $Pb(NO_3)_2$ 溶解于约 500 mL 浓度为 5%的 HNO_3 中，然后转移至 1 000 mL 容量瓶中，用浓度为 5%的 HNO_3 定容，混匀，此溶液中 Cu 和 Pb 含量为 1 000 mg/L。再量取此溶液 1 mL 于 1 000 mL 容量瓶中，用浓度为 5%的 HNO_3 定容，混匀，制备的 Cu 和 Pb 浓度均为 1 000 μg/L。

四、实验步骤

1. 重金属污染物土的配制

将 500 mL 硝酸铅溶液(1000 mg/L,浓度以铅计)和硝酸铜溶液(1000 mg/L,浓度以铜计)均匀喷洒在 105 ℃烘干至恒重的 5 kg 土壤中,铅和铜的浓度分别达到 100 mg/kg 干基土壤,混匀。常温下静置至少 28 d,自然风干。

2. 土壤中不同形态重金属的分离

取 100 g 土壤样品测定铅和铜的形态分布。

(1) 可交换态:称 1 g 样品加 8 mL 浓度为 1 mol/L 的 $MgCl_2$(调至 pH=7),室温下振荡 1 h,离心后取上清液待测,残渣继续后续分离。

(2) 碳酸盐结合态:残渣中加 8 mL 浓度为 1 mol/L 的 NaOAc(调至 pH=5),室温下振荡 5 h,离心后取上清液待测,残渣继续后续分离。

(3) 可还原态:残渣中加 20 mL 浓度为 0.04 mol/L 的盐酸羟胺和 25%醋酸混合液,96 ℃下适当搅拌 6 h,离心后取上清液待测,残渣继续后续分离。

(4) 可氧化态:残渣中加 3 mL 浓度为 0.02mol/L 的 HNO_3 和 5 mL 浓度为 30%的 H_2O_2(调至 pH=2),85 ℃下适当搅拌 2 h,加 3 mL 浓度为 30%的 H_2O_2,85 ℃下适当搅拌 3 h,加 5 mL 浓度为 3.2 mol/L 的醋酸胺和浓度为 20%的 HNO_3 混合液,室温连续搅拌 0.5 h,离心后上清液待测,残渣继续后续分离。

(5) 残留态:残渣中加 2 mL 浓 $HClO_4$ 和 10 mL 浓 HNO_3,烘干,加 1 mL 浓 $HClO_4$ 和 10 mL 浓 HNO_3,烘至近干,加 1 mL 浓度为 $HClO_4$,残渣溶于浓度为 12 mol/L 的 HCl 中,70 ℃振荡 1 h,过 0.45 μm 滤膜取清液待测。

3. 重金属含量测定

配制铅和铜的系列浓度标准溶液:分别量取 0 mL、0.25 mL、0.50 mL、1.00 mL、2.50 mL、5.00 mL、10 mL 铅、铜贮备液(1 000 μg/L)于 7 个 50 mL 容量瓶中,用浓度为 5%的 HNO_3 定容,混匀。此标准系列中 Cu 和 Pb 含量分别为 0 μg/L、5 μg/L、10 μg/L、20 μg/L、50 μg/L、100 μg/L、200 μg/L。

运用电感耦合等离子体质谱仪测定系列浓度标准溶液中铅和铜的响应,绘制校准曲线。同时,测定各清液中铅和铜的响应,依据校准曲线计算其浓度。

电感耦合等离子体质谱仪工作参数:射频功率为 1600 W,雾化气流量为 0.82 L/min,冷却气流量为 13 L/min,辅助气流量为 0.7 L/min,截取锥孔径为 0.7 mm,取样锥孔径为 1.0 mm,采样深度为 18 mm,扫描次数为 40 次,重复次数为 3 次,进样时间为 30 s,稳定时间为 30 s。

4. 改良剂的施加

向 1 kg 重金属污染土壤中加入 100 g 腐植酸,搅拌均匀,室温下静置 28 d,每 3 d 适当补充水分,保持含水率 20%~50%。取污染土壤和改良土壤各 100 g,按上述方法测定重金属形态。

5. 土壤重金属污染修复效果评价

查询《土壤环境质量　农用地土壤污染风险管控标准(试行)》(GB 15618—2018)和《土

壤环境质量　建设用地土壤污染风险管控标准(试行)》(GB 36600—2018),依据改良剂施加前后土壤重金属总量的变化,评估土壤重金属污染的修复效果。

五、数据处理

1. 连续提取各上清液中的重金属,测定各上清液中重金属的响应,折算土壤中重金属各形态的含量。

2. 选择适当的重金属风险评价方法,计算土壤中重金属污染指数的变化情况,评价改良剂对土壤重金属污染的修复效果。

六、注意事项

由于土壤不均质性极强,采集样品应以充分混匀为前提,以四分法采样,保证样品的代表性。

七、思考题

1. 请简述重金属不同形态的意义和测定的基本原理。

2. 请以你感兴趣的一类污染土壤为例,选择改良剂或稳定化试剂,并说明选用原因和操作注意事项。

3. 请总结土壤重金属污染风险评价的方法,并说明其优缺点。

实验二十三　土壤中多菌灵的残留分析

农药是农业生产中必不可少的生产资料，在生物灾害防治和粮食增产中发挥着重要作用。农药主要包括杀虫剂、杀菌剂、除草剂、杀鼠剂等，不仅用于农作物领域，还运用于城市绿化、建筑和交通等领域。近年来，新型微毒农药被大量生产和使用。微毒农药不能使生物立即死亡，其更易进入地下水和土壤中，对土壤生物群落和生态功能造成不良影响。

多菌灵(carbendazim)，分子式为 $C_9H_9N_3O_2$，化学名称为 N-(2-苯并咪唑基)-氨基甲酸甲酯，是一种广谱性杀菌剂，被广泛用于水果、蔬菜、绿化草坪的病虫害防治。多菌灵虽对多种真菌引起的病害有较好的防治效果，但使用后可能在土壤中残留，其残留能引起肝病和染色体畸变，对哺乳动物有毒害作用。

一、实验目的

1. 掌握土壤中多菌灵的提取原理与净化方法。
2. 学习液相色谱仪的操作和使用方法。

二、实验原理

多菌灵不溶于水，微溶于有机溶剂，可溶于无机酸及醋酸，并形成可溶性盐。基于多菌灵的上述性质，实验调整水和极性溶剂的 pH 至酸性，超声提取土壤中残留的多菌灵，利用液-液萃取法净化提取溶液。首先使用有机溶剂萃取去除提取溶液中的亲脂性杂质，然后调整水相 pH 至中性，再利用有机溶剂萃取水相中的多菌灵。多菌灵具有较好的紫外吸收性，利用高效液相色谱仪(配备紫外检测器)对土壤中多菌灵的残留进行测定。

三、仪器与材料

1. 仪器

高效液相色谱仪(配备紫外检测器)、超声波清洗仪、旋转蒸发仪、天平(精度小于 0.1 g)。

2. 材料

多菌灵标准贮备液(10 μg/mL)、甲醇(色谱纯)、乙酸乙酯(色谱纯)、盐酸(0.1 mol/L)、氢氧化钠(0.1 mol/L)、pH 试纸。

四、实验步骤

1. 土壤样品的采集与保存

在喷洒过多菌灵的农田、果园、草坪等地点，利用不锈钢小铲采集土壤样本，将其装入棕色玻璃瓶中，置于冰箱冷冻储存。

2. 土壤样品的含水率测定

称量 10 g 左右土壤，记为土壤湿重 m_1，置于干燥的小烧杯，于 105～110 ℃在烘箱中烘干 6～8 h 至恒重，然后称量土壤干重，记为 m_2，按式(23-1)计算土壤含水率 ω：

$$\omega=\frac{m_1-m_2}{m_2} \tag{23-1}$$

3. 土壤样品的提取与净化

称取土壤样品 10 g 于 50 mL 离心管中，加入提取液 15 mL(7.5 mL 甲醇和 7.5 mL 浓度为 0.1 mol/L 的盐酸)，在常温下超声提取 20 min，离心分层，移取上层清液转移至 50 mL 比色管中。反复超声提取两次以上，合并提取液。向比色管中加入 7.5 mL 乙酸乙酯和 20 mL 蒸馏水，充分振荡。再加入 5 mL 乙酸乙酯，充分振荡，静置分层后弃去上层乙酸乙酯，反复操作一次。加入浓度为 0.5 mol/L 的氢氧化钠溶液调整 pH 至中性，然后加入 5 mL 乙酸乙酯，充分振荡，移取上层乙酸乙酯至茄形瓶中，反复萃取 3 次，合并萃取液。使用旋转蒸发仪将萃取液蒸发至 1～2 mL，用甲醇定容至 5 mL，待测。

4. 样品测定

将多菌灵贮备溶液用甲醇配制为 50 ng/mL、100 ng/mL、200 ng/mL、400 ng/mL、600 ng/mL、1000 ng/mL 系列浓度，高效液相色谱仪检测(检测波长为 270 nm)，运用多菌灵的峰面积和浓度拟合得到多菌灵校准曲线。

将定容后的样品溶液过有机滤膜，然后使用高效液相色谱仪(配备紫外检测器)进行分析，记录多菌灵的峰面积。

色谱条件：色谱柱：长 150 mm，内径 2.1 mm，填料 C18；流动相：水(65%)，甲醇(35%)；流速为 0.4 mL/min；柱温箱温度：40 ℃；紫外检测波长：270 nm。

五、数据处理

土壤中多菌灵的残留量 C(ng/g)按式(23-2)计算：

$$C=\frac{C_{测}\times V}{m\times(1-\omega)} \tag{23-2}$$

式中：$C_{测}$——依据峰面积运用校准曲线计算的多菌灵浓度，ng/mL；

V——多菌灵提取净化液定容体积，mL；

m——土壤样品质量，g；

ω——土壤样品含水率。

六、注意事项

1. 如果土壤提取溶液中多菌灵的浓度超出校准曲线线性范围，需要对样品进行适当的稀释。

2. 色谱条件可以根据实验室的实际情况进行调整，如色谱柱型号、流动相洗脱溶剂种类等。

3. 实验中需要同时进行空白加标实验，以空白样品中多菌灵的回收率作为提取和净化有效性的重要指标。

七、思考题

1. 为什么土壤中多菌灵可以运用液-液萃取法进行提取和净化？

2. 土壤中多菌灵的提取和净化方法还有哪些？

实验二十四　复合污染土壤中蚯蚓的生物抗性

蚯蚓是一类环节动物，属寡毛纲，繁殖迅速，食性杂，在土壤中掘穴松土，分解有机物，促进腐植质生成，为微生物生长创造有利条件，对土壤中的物质和能量循环具有重要意义，也是重要的环境质量指示生物。重金属污染土壤中的蚯蚓，可通过摄食、分泌黏液、排泄蚯蚓粪等行为将重金属稳定化，起到重金属污染修复的作用。但重金属与其他污染物，尤其是石墨烯等新型污染物的复合污染，对蚯蚓的环境行为有何影响，值得深入研究。

一、实验目的

1. 了解蚯蚓修复污染土壤的原理，掌握重金属形态和生物酶的测定方法。
2. 理解环境问题的复杂性，培养对新型环境问题和污染物的学术敏感性。

二、实验原理

土壤中的蚯蚓可分泌含有活性基团的黏液，具有络合重金属的能力，同时蚯蚓粪中含有大量腐植酸，可改变重金属的形态，降低土壤重金属的迁移性。因此，关注蚯蚓对土壤重金属的修复效果，就要观察土壤中重金属形态的变化情况，本部分内容在实验二十二中已有提及。

蚯蚓在污染土壤中生存，是其生物抗性的表现，而生物酶活性是指征生物抗性的重要参考指标。超氧化物歧化酶（superoxide dismutase，SOD）是一类抗氧化酶，广泛存在于生命体内，可结束自由基的连锁反应，对维持活性氧代谢平衡、保护膜结构具有重要意义。SOD含量是生物在逆境胁迫下生存能力的重要指征。SOD 检测试剂盒主要根据超氧化物歧化反应中生成显色物质的量来间接测定 SOD 的含量。

三、仪器与材料

1. 仪器

电感耦合等离子体-原子发射光谱仪、恒温振荡器、离心机。

2. 材料

土壤、赤子爱胜蚓、秸秆粉末（过 40 目筛）、硝酸铅、石墨烯、氯化镁、醋酸钠（NaOAc）、盐酸羟胺、醋酸（HOAc）、双氧水、硝酸、高氯酸、SOD 检测试剂盒。

四、实验步骤

1. 复合污染土壤的配制

以浓度为 1000 mg/L 的硝酸铅溶液（浓度以铅计）和浓度为 1000 mg/L 的石墨烯溶液均匀喷洒在 105 ℃条件下烘干至恒重的 5 kg 土壤中，铅和石墨烯的浓度分别达到 100 mg/kg 干基土壤，混匀。常温下静置至少 28 d，风干。

2. 土壤中铅的分布形态分析

取 100 g 土壤样品测定铅的分布形态。

(1) 可交换态：称 1 g 配制的复合污染土壤样品加 8 mL 浓度为 1 mol/L 的 $MgCl_2$(调至 pH=7)，室温下振荡 1 h，离心后上清液待测，残渣继续后续分离。

(2) 碳酸盐结合态：残渣中加 8 mL 浓度为 1 mol/L 的 NaOAc(调至 pH=5)，室温下振荡 5 h，离心后上清液待测，残渣继续后续分离。

(3) 可还原态：残渣中加 20 mL 浓度为 0.04 mol/L 的盐酸羟胺和浓度为 25% 的 HOAc 混合液，96 ℃下适当搅拌 6 h，离心后上清液待测，残渣继续后续分离。

(4) 可氧化态：残渣中加 3 mL 浓度为 0.02 mol/L 的 HNO_3 和 5 mL 浓度为 30% 的 H_2O_2(调至 pH=2)，85 ℃下适当搅拌 2 h，加 3 mL 浓度为 30% 的 H_2O_2，85 ℃下适当搅拌 3 h，加 5 mL 浓度为 3.2 mol/L 的 NH_4OAc 和浓度为 20% 的 HNO_3 混合液，室温连续搅拌 0.5 h，离心后上清液待测，残渣继续后续分离。

(5) 残留态：残渣中加 2 mL 浓 $HClO_4$ 和 10 mL 浓 HNO_3，烘干，加 1 mL 浓 $HClO_4$ 和 10 mL 浓 HNO_3，烘至近干，加 1 mL 浓 $HClO_4$(70%～72%)，残渣溶于浓度为 12 mol/L 的 HCl 中，70 ℃振荡 1 h，过 0.45 μm 滤膜取上清液待测。

3. 铅标准溶液的配制

精确称取硝酸铅，在浓度为 1% 的稀硝酸中配制浓度为(以铅计)0.1 mg/L、0.2 mg/L、0.5 mg/L、1.0 mg/L、2.0 mg/L、5.0 mg/L、10 mg/L、15 mg/L、20 mg/L 的铅标准溶液。

4. 测定校准曲线

以电感耦合等离子体-原子发射光谱仪测定校准曲线，并测定各上清液中铅的浓度。电感耦合等离子体-原子发射光谱仪测定条件(以安捷伦 5110 ICP-OES 为例)为：RF 功率为 1.10 kW，辅助气(高纯 Ar，质量分数>99.999%)流速为 1.5 L/min，雾化器流量为 0.55 L/min，进样时间 5 s，稳定时间 5 s，测定波长为 220.353 nm。

5. 蚯蚓的培养

取 2 份 2 kg 复合污染土壤分别为对照组和实验组，向 2 组土壤中分别加入秸秆粉末 1 kg 混匀。向实验组土壤中添加赤子爱胜蚓 100 条。每日适当补充水分，25 ℃恒温避光培养 30 d，每 5 d 各取 5 g 土壤样品分析铅的分布形态，连续培养 20 d。

6. 蚯蚓的 SOD 的测定

实验组每 5 d 随机取 3 条蚯蚓，称重研磨，取适量样品在 105 ℃下烘干至恒重测定含水率，其余样品按 SOD 试剂盒说明测定 SOD 浓度。

五、数据处理

分析实验组和对照组土壤中铅分布形态的时序关系和相关性，分析实验组土壤中铅形态的变化与蚯蚓 SOD 浓度变化的相关性。

六、注意事项

注意实验中取样的随机性。

七、思考题

1. 请从理论上讨论蚯蚓在修复污染土壤时的生理适应机制。
2. 请结合案例讨论复合污染与单一污染的区别和生态效应的差异。

四、生 物 篇

实验二十五　镉胁迫对土壤微生物氮循环功能的影响

在土壤生态系统中，有一些具有特殊功能的微生物，它们在分类学上可能存在较大差异，但因具有相同或类似的基因而发挥同样的作用。支配这些功能微生物发挥作用的基因称为功能基因。土壤氮循环是土壤生态系统的一项重要功能，参与土壤氮循环的功能基因有氨氧化基因 *amoA*、反硝化基因 *nirK* 和 *nirS*、固氮基因 *nifH* 等。

镉具有较高的可移动性、较强的生物毒性和持久性，易被植物吸收和累积，农作物中镉的积累及其向食物链的转移已成为世界性的土壤环境问题。研究表明，镉胁迫会降低土壤微生物氮循环功能基因的丰度。因此，可通过检测镉胁迫下微生物氮循环功能基因拷贝数的变化，来揭示镉对土壤氮循环功能的影响。

一、实验目的

1. 了解土壤微生物和氮循环相关的重要功能基因。
2. 掌握定量聚合酶链式反应(polymerase chain reaction，PCR)的原理和操作方法。
3. 认识镉对土壤微生物氮循环功能的影响。

二、实验原理

实时荧光定量 PCR(real-time quantitative PCR，qPCR)技术可定量检测微生物的功能基因，是通过在 PCR 反应体系中加入可与 DNA 产物特异性结合的荧光基团(包括荧光染料或荧光标记的特异性探针)，利用荧光信号的变化，实时监测扩增反应中每一个循环扩增完成后产物的荧光强度变化，最终通过 C_t 值(每个 PCR 反应体系内荧光信号达到所设定阈值时所经历的循环数)和校准曲线的参照，计算得出起始 DNA 模板中的基因拷贝数，即特定微生物的绝对丰度。

三、仪器与材料

1. 仪器

PCR 仪、实时荧光定量 PCR 仪、2 μL 和 20 μL 移液枪、低温台式离心机、Nanondrop2000

分光光度计。

2. 材料

$CdCl_2$、Powersoil ® DNA 提取试剂盒、QIAGEN plasmid Mini Kit(Qiagen,美国)试剂盒、*amoA* 基因的特异性引物、高保真 Taq 聚合酶、10 × AccuPrime PCR 缓冲液 Ⅱ (Invitrogen,Grand Island,NY)、2×one Step SYBR RT-PCR 缓冲液、四种脱氧核糖核苷三磷酸(dNTP)混合液、SYBR Green Ⅰ 染料。

四、实验步骤

1. 以黄土地农田土为底物,通过添加 K_2CrO_4 溶液得到被污染土壤样品,待其老化 100 d 后,对土样进行过筛。

2. 准确称取过筛后的风干土样 1.0 g,进行 DNA 提取:采用 Powersoil 试剂盒提取样本中的细菌 DNA,利用琼脂糖凝胶电泳检测是否降解,经 Nanondrop2000 分光光度计测定其浓度后,放置于−20 ℃冰箱保存,后续用于 PCR 检测。

3. *amoA* 片段的扩增

(1) 采用 25 μL 体系普通 PCR 对 *amoA* 基因片段进行扩增,用于制备标准品。其中正向引物 *amoA*1F 的序列(5′～3′)为 GGGGTTTCTACTGGTGGT,反向引物 *amoA*2R 的序列(5′～3′)为 CCCCTCKGSAAAGCCTTCTTC。PCR 体系设置如表 25-1 所示。共设置 94 ℃ 4 min,35 个 PCR 循环(94 ℃ 40 s; 51 ℃ 60 s; 72 ℃ 60 s); 72 ℃延伸 10 min。

(2) PCR 产物与 DNA Ladder 在 2%琼脂糖凝胶中电泳,溴化乙锭染色,检测 PCR 产物是否为单一特异性扩增条带。

(3) 将 PCR 产物进行切胶纯化。

表 25-1 PCR 反应体系构成 单位: μL

PCR 所需试剂	体积
10×AccuPrime PCR 缓冲液 II(Invitrogen,Grand Island,NY)	2.5
dNTP 混合液	2.5
*amoA*1F	2.5
*amoA*2R	2.5
Taq 聚合酶	0.2
DNA 模板	1.0
灭菌超纯水	13.8

4. 构建含有 *amoA* 基因的标准品

利用上述含有 *amoA* 基因的纯化产物构建标准品。质粒提取选用 QIAGEN plasmid Mini Kit (Qiagen,美国) 试剂盒,具体操作步骤见试剂盒说明书。在进行定量 PCR 前,需先对提取的质粒丰度进行测算。Nanondrop2000 分光光度计测定质粒(DNA)的浓度,根据式(25-1)计算对应的质粒丰度,即拷贝数。

$$C_{copy}=\frac{C_{质粒}\times 6.02\times 10^{23}\times 10^{6}}{(L_{质粒}+X)\times 650} \tag{25-1}$$

式中: C_{copy}——嵌入目的基因的质粒拷贝数,copies/mL;

$C_{质粒}$——嵌入目的基因的质粒以 DNA 定量的核酸浓度,由 Nanondrop2000 分光光度计测定，ng/μL；

6.02×10^{23}——阿伏伽德罗常数，1/mol；

$L_{质粒}$——连接反应中所使用的载体长度，本研究使用的载体为 T easy 载体，其长度为 3 016bp；

X ——目的基因的长度，单位为 bp；

650——1 个碱基对(1bp)的平均分子量，单位为 g/(mol · bp)。

5. 定量 PCR

定量 PCR 的样品包括标准品和待测样品，其中标准品由提取的质粒按照 10 倍逐次稀释获得，未知样则是待测样品的 DNA 溶液。其中正向引物 *amoA*1F 的序列(5′～3′)为 GGGGTTTCTACTGGTGGT，反向引物 *amoA* 2R 的序列(5′～3′)为 CCCCTCKGSAAAGCCTTCTTC。

按照表 25-2 的加入量构建 20 μL PCR 体系，设置 95 ℃预变性 5 min，40 个 PCR 循环(94 ℃ 10 s；51 ℃ 30 s；72 ℃ 30 s)。

表 25-2 定量 PCR 反应体系构成 单位：μL

试　剂	使 用 量
2×one Step SYBR RT-PCR 缓冲液	10.0
amoA 1F (10 μM)	1.0
amoA 2R (10 μM)	1.0
模板 DNA 或标准品	1.0
灭菌超纯水	7.0

五、数据处理

荧光定量 PCR 的数学原理如下

理想的 PCR 反应：

$$X = X_0 \times 2^n \tag{25-2}$$

非理想的 PCR 反应：

$$X = X_0(1 + E_x)^n \tag{25-3}$$

式中：n——扩增反应的循环次数；

X——第 n 次循环后的产物量，ng；

X_0——初始模板量，ng；

E_x——扩增效率。

在扩增产物达到阈值线时：

$$X_{C_t} = X_0(1 + E_x)C_t = M \tag{25-4}$$

式中：X_{C_t}——荧光扩增信号达到阈值强度时扩增产物的量，在阈值线设定以后，它就是一个常数，我们设为 M。

式(25-4)两边同时取对数得：

$$\log M = \log X_0 + C_t \log(1 + E_x) \tag{25-5}$$

整理得：

$$\log X_0 = -\log(1 + E_x) \times C_t + \log M \tag{25-6}$$

先用已知不同拷贝数梯度的标准样品得到一条 $\log X_0$ 与 C_t 值的校准曲线，再将样品

的 C_t 值代入求得样品的拷贝数 X_0。拷贝数越少，则表明镉污染对土壤微生物群落氮循环功能的影响越大。

六、注意事项

荧光定量 PCR 是一项对操作要求很高，同时花费又很高的实验，这就要求必须最大限度地减少误差或避免错误。必须从样品的选取到上样检测，每一步都要规范操作。

严格控制实验条件，避免任何可能的污染，是保证实验成功的关键。比如：

(1) 滤纸、PCR 管、EP 管尽量使用一次性的塑料制品，尽量避免公用器具，防止交叉污染。

(2) 操作过程中应始终戴一次性橡胶手套，并经常更换。

(3) 在超净台中进行操作。

质粒提取所使用的阳性克隆子必须是新鲜培养且处于对数增长期的，这样既可以保证质粒结构的完整性，也可以保证被提取质粒的丰度。

七、思考题

1. 影响土壤氮循环功能基因丰度的环境因素是什么？

2. 定量 PCR 方法和其他方法相比在测定土壤功能基因方面有哪些优缺点？

实验二十六　树皮中类二噁英多氯联苯与生物富集系数

多氯联苯(Polychlorinated Biphenyls,PCBs)化学性质稳定性,具有良好的绝缘性和抗热性等特性,20 世纪曾被大量生产并广泛用作热载体、绝缘油和润滑油,如电容器和变压器的绝缘油。PCBs 共有 209 种同类物,其中 12 种同类物由于具有类似二噁英的毒性而广受关注,被称作类二噁英多氯联苯(dl-PCBs)。作为《斯德哥尔摩公约》首批受控的 12 类有机污染物之一,PCBs 已被禁止生产和使用。然而,PCBs 仍可在工业热过程中非故意生成,也可从历史残留的工业品中释放,最终进入环境中。PCBs 具有半挥发性,工业源排放和工业品释放的 PCBs 已广泛存在于大气环境中。由于大气中 PCBs 的含量通常处于痕量水平,一般需要运用大气采样器收集大体积的空气样品,才能够对其含量进行准确的测定,给大气中 PCBs 的测定造成不便。柳树树皮表面粗糙,脂质含量较高,长期与大气接触可有效富集大气中的痕量 PCBs,常被作为理想的生物被动采样器监测大气环境中 PCBs 的污染。

一、实验目的

1. 了解树皮富集大气持久性有机污染物的原理及富集系数评估方法。
2. 学习同位素稀释法测定持久性有机污染物的原理与方法。

二、实验原理

本实验利用同位素稀释法测定树皮中 dl-PCBs 的含量,并根据柳树皮的质量和密度计算得到树皮的体积。然后运用树皮中 dl-PCBs 的质量除以树皮体积得到单位体积树皮中多氯联苯的浓度,将其除以大气中 dl-PCBs 的浓度,从而评估出树皮对大气中 dl-PCBs 的富集系数。

三、仪器与材料

1. 仪器

气相色谱串联三重四级杆质谱仪、氮气吹干仪、旋转蒸发仪、移取材料。

2. 材料

(1) 正己烷、二氯甲烷(农残级);甲醇、丙酮、二氯甲烷(分析纯)。

(2) dl-PCBs(CB-77、CB-81、CB-105、CB-114、CB-118、CB-123、CB-126、CB-156、CB-157、CB-167、CB-169、CB-189)系列校准溶液(详见附录五)。

(3) ^{13}C 标记的 dl-PCBs 内标混合溶液(12 种 dl-PCBs 单体,浓度均为 10 ng/mL)(详见附录五)。

(4) 中性硅胶:使用 5 倍体积农残级二氯甲烷淋洗,置于烘箱中 180 ℃烘干。

(5) 44%酸性硅胶(w/w):100 g 中性硅胶中逐滴加入 44 g 浓硫酸,振荡均匀。

(6) 33%碱性硅胶(w/w):100 g 中性硅胶中逐滴加入 33 g 浓度为 1 M 的 NaOH 溶液,振荡均匀。

(7) 无水硫酸钠:使用前于 500 ℃马弗炉中烘烤 6 h 以上。

(8) 玻璃层析色谱柱(长度：40 cm,内径：1.5 cm)。

四、实验步骤

1. 样品采集

运用不锈钢刀具采集柳树树表皮组织约 10 cm^2,用铝箔包裹,装入密封袋中,置于冰箱冷冻保存。

2. 样品提取与净化

树皮样本经冷冻干燥后称重,然后置于索氏提取器中,加入 ^{13}C 标记的 dl-PCBs 内标溶液 100 μL,使用 300 mL 正己烷/二氯甲烷(体积比为 1∶1)连续提取 36 h。提取溶液旋转蒸发至 2～3 mL,浓缩液运用复合硅胶色谱柱(由下至上分别装填 1.0 g 中性硅胶、4.0 g 碱性硅胶、1.0 g 中性硅胶、8.0 g 酸性硅胶、2.0 g 中性硅胶、4.0 g 无水硫酸钠)进行净化。色谱柱使用前用 50 mL 正己烷活化,上样后首先使用 20 mL 正己烷淋洗,然后使用 100 mL 正己烷和二氯甲烷(体积比为 1∶1)洗脱。如果色谱柱过载,需使用上述复合硅胶色谱柱再净化 1 次(相关填料可减半)。洗脱溶液旋转蒸发至 1～2 mL,氮气吹干定容至 50 μL,转至带内插管的进样瓶中,待测。

3. 校准曲线绘制

移取不同浓度梯度的 dl-PCBs 校准溶液至进样瓶,运用气相色谱串联三重四级杆质谱仪测定,记录各梯度校准溶液中 dl-PCBs 和 ^{13}C 标记的 dl-PCBs 各单体的峰面积,分别记为 $A_{校\text{-}标}$ 和 $A_{校\text{-}内标}$。结合各梯度校准溶液中 dl-PCBs 和 ^{13}C 标记的 dl-PCBs 各单体的质量,分别记为 $m_{校\text{-}标}$ 和 $m_{校\text{-}内标}$,按式(26-1)绘制校准曲线,得到校准系数 k 和常数 b。

$$\frac{m_{校\text{-}标}}{m_{校\text{-}内标}}=k\,\frac{A_{校\text{-}标}}{A_{校\text{-}内标}}+b \tag{26-1}$$

色谱条件：色谱柱为 DB5-MS(60 m×0.25 mm×0.25 μm),采用不分流进样模式,高纯 He 作为载气,设定 1.0 mL/min 流速。

柱温箱升温程序：初始温度为 120 ℃,保持 1 min；30 ℃/min 升至 150 ℃,保持 1 min；2.5 ℃/min 升至 300 ℃,保持 1 min。

质谱条件：采用 EI 电离模式,70 eV 的离子源电压,离子源温度分别为 270 ℃,采用选择反应监测模式,定量离子对、定性离子对和碰撞电压详见附录五。

4. 样品测定

运用气相色谱串联三重四级杆质谱仪测定样品,记录 dl-PCBs 各单体及内标的峰面积,分别记为 $A_{样品}$ 和 $A_{样品\text{-}内标}$。

五、数据分析

按式(26-2)计算树皮样品中 dl-PCBs 各单体的质量 $m_{样品}$(ng)。

$$m_{样品}=\left(k\,\frac{A_{样品}}{A_{样品\text{-}内标}}+b\right)\times C_{内标}\times V \tag{26-2}$$

式中：$m_{样品}$——树皮样品中 dl-PCBs 各单体的质量,ng；

$C_{内标}$——样品中加入内标的浓度,ng/mL；

V——样品中加入内标的体积,mL。

树皮对环境空气中 dl-PCBs 各单体的富集系数按式(26-3)进行评估：

$$f=\frac{m_{样品}}{M_{树皮}/\rho_{树皮}}\div C_{大气} \tag{26-3}$$

式中：f——富集系数；

$M_{树皮}$——树皮干重，g；

$\rho_{树皮}$——树皮密度，g/m^3；

$C_{大气}$——周边环境大气中 dl-PCBs 的浓度，pg/m^3。

柳树树皮密度可使用 $6.67\times10^6\ g/m^3$ 估算，城镇地区大气中 dl-PCBs 各单体的浓度可按 $2\ pg/m^3$ 估算，也可通过文献查询当地大气中 dl-PCBs 的浓度。

六、注意事项

1. 实验时需同时进行空白加标实验，内标的回收率是本实验质量控制的重要指标。

2. 需提前进行预实验确定复合硅胶色谱柱的淋洗和洗脱溶剂的用量和比例，若洗脱效果不佳，应进行调整。

3. 实验所用玻璃仪器使用前需使用分析纯甲醇、丙酮、二氯甲烷依次进行润洗。

七、思考题

1. 与外标法相比，内标法定量具有哪些优点？

2. PCBs 仪器测定时，样品中目标化合物与其 ^{13}C 取代内标如何实现有效分离，利用气相色谱柱分离，还是利用质谱选择性分离？

实验二十七　烟熏肉制品中多环芳烃的含量与饮食摄入风险

多环芳烃(PAHs)是环境中普遍存在的一类有机污染物,其可源自森林、草原的天然火灾,也可源自各类化石燃料和木材的燃烧。烟熏肉制品制作过程中,烟熏燃料的不完全燃烧将产生 PAHs 等有毒有害污染物,这些污染物将随烟气迁移至肉制品表面,进而可能迁移至肉制品中,并不断被富集。由于 PAHs 具有“三致效应”,人体食用烟熏肉制品可能存在健康风险,因此有必要对其饮食暴露风险进行评估。

一、实验目的

1. 掌握烟熏肉制品中 PAHs 的提取与净化方法。
2. 了解烟熏肉制品中 PAHs 的饮食摄入风险评估方法。
3. 学习气相色谱-质谱联用仪对 PAHs 的测定方法。

二、实验原理

首先,利用有机溶剂通过索氏提取法将烟熏肉制品中的 PAHs 进行有效提取;然后,利用凝胶渗透色谱进行净化分离去除提取液中脂类等干扰物,目标洗脱液浓缩后运用气相色谱-质谱联用仪对烟熏肉制品中 PAHs 的含量进行测定;最后,计算人体终生通过食用烟熏肉摄入 PAHs 的总量,进而评估其可能对人体造成的健康风险。

三、仪器与材料

1. 仪器

气相色谱-质谱联用仪、氮气吹干仪、旋转蒸发仪、移至材料。

2. 材料

(1) 正己烷、二氯甲烷(农残级);甲醇、丙酮、二氯甲烷(分析纯)。

(2) 16 种优控 PAHs 系列校准溶液(详见附录一)。

(3) 氘代 PAHs 内标混合溶液(15 种 PAHs 单体,浓度均为 1 μg/mL)(详见附录一)。

(4) 中性硅胶(100～230 目):使用前于 180 ℃马弗炉中烘烤 4 h 以上,加入 3%超纯水去活化,振荡均匀。

(5) 凝胶 Bio-beads SX-3(粒径 0.046～0.098 mm)。

(6) 中性氧化铝(100～200 目):使用前于 400 ℃马弗炉中烘烤 4 h 以上,加入 5%超纯水去活化,振荡均匀。

(7) 无水硫酸钠:使用前于 500 ℃马弗炉中烘烤 6 h 以上。

(8) 烟熏腊肉等烟熏肉制品 10 g。

(9) 玻璃层析色谱柱(长度:40 cm,内径 1.5 cm)。

四、实验步骤

1. 样品提取与净化

称量 5.0 g 烟熏肉制品,使用绞肉机打碎,冷冻干燥去除水分。加入氘代 PAHs 内标混合溶液 50 μL，混合均匀，用滤纸包裹，置于索氏提取器中，使用 300 mL 丙酮/二氯甲烷（体积比为 1：1）连续提取 16 h 以上。提取溶液旋转蒸发至 5 mL，使用装填了 20.0 g 凝胶的色谱柱（长度：30 cm，内径：25 cm）净化去除脂类等杂质，用 200 mL 正己烷/二氯甲烷（体积比为 1：1）洗脱，弃去前 80 mL 和后 160～200 mL 洗脱液，收集 80～160 mL 洗脱液。洗脱液旋转蒸发浓缩至 1～2 mL，再利用复合净化柱（从下至上依次装填 4.0 g 中性去活化硅胶、6.0 g 中性氧化铝和 2.0 g 无水硫酸钠，100 mL 正己烷活化）净化，洗脱溶液为 100 mL 正己烷/二氯甲烷（体积比为 3：2），洗脱液旋转蒸发至 1～2 mL，氮气吹干仪定容至 0.5 mL，待测。

2. 样品测定

移取 PAHs 校准不同浓度梯度校准溶液至进样瓶，运用气相色谱-质谱联用仪测定，记录各浓度梯度校准溶液中 PAHs 各单体和氘代内标的峰面积，绘制校准曲线（详见实验五所述方法），得到校准系数 k 和常数 b。

运用气相色谱-质谱联用仪测定样品，记录 PAHs 各单体及内标的峰面积。计算烟熏肉中 PAHs 的含量（详见实验五所述方法）。

五、数据分析

依据测定结果，将烟熏肉制品中 PAHs 的含量转换为相当于苯并[a]芘的含量（转换系数见附录一）。然后按式（27-1）评估人体饮食摄入烟熏肉制品中 PAHs 的致癌风险：

$$\mathrm{CR}=\frac{c\times \mathrm{IRS}\times \mathrm{ED}}{\mathrm{AT}\times \mathrm{BW}}\times \mathrm{SF} \tag{27-1}$$

式中：CR——烟熏肉制品饮食摄入致癌风险；

c——烟熏肉制品中 PAHs 相当于苯并[a]芘的含量，mg/kg；

IRS——烟熏肉制品年摄入量，kg/a；

ED——暴露时长，25 a；

AT——平均作用时间，70 a；

BW——体重，80 kg；

SF——苯并[a]芘致癌斜率因子，1/[mg/(kg·d)]。

致癌风险判断标准：当 $\mathrm{CR}<10^{-6}$ 时，表明无致癌风险；当 $10^{-6}<\mathrm{CR}<10^{-4}$ 时，表明存在潜在致癌风险；当 $\mathrm{CR}>10^{-4}$ 时，表明具有强致癌风险。请根据烟熏肉制品中 PAHs 相当于苯并[a]芘的浓度，计算食用烟熏肉制品人群安全年摄入量。

六、注意事项

1. 实验时需同时进行空白加标实验，内标的回收率和空白中目标化合物的检出量是本实验质量控制的重要指标。

2. 需提前进行预实验确定复合色谱柱和凝胶渗透色谱柱的淋洗及洗脱溶剂的用量和比例，若洗脱效果不佳，应进行相应调整。

3. 实验所用玻璃仪器使用前需进行彻底清洗，去除杂质干扰。

七、思考题

1. 凝胶渗透色谱柱在本实验中的主要作用是什么？

2. 根据所测烟熏肉制品中 PAHs 的浓度和特定人群的烟熏肉制品年饮食摄入频率，试计算烟熏肉制品每日摄入量的安全限值。

实验二十八　得克隆与人血清转运白蛋白的相互作用

污染物质在生物机体内的主要过程包括吸收、分布、排泄、蓄积。分布是指污染物质被吸收后或其代谢转化物质形成后，由血液转送至机体各组织、与组织成分结合、从组织返回血液以及再反复等过程。人血清白蛋白(human serum albumin，HSA)是血液循环中最丰富的载体蛋白，污染物在进入血液后先和 HSA 结合，然后由其转运到人体内的各个作用部位，两者的结合是一个可逆过程，污染物通过 HSA 的运输到达目标位置后被释放出来，在目标位置发挥作用，因此，污染物与 HSA 的结合能力直接影响其在人体内吸收、分布、代谢和排泄。

一、实验目的

1. 学习测定蛋白质与小分子化合物结合能力以及结合位点的原理和方法。
2. 了解荧光光谱法原理及 HSA 与小分子化合物间解离平衡常数的计算方法。

二、实验原理

得克隆(Dechlorane plus，DP)的分子式为 $C_{18}H_{12}Cl_{12}$，包括 2 种顺反异构体，分别是顺式得克隆(syn-DP)和反式得克隆(anti-DP)。DP 与很多持久性有机污染物(POPs)具有类似的结构特征，是一类添加型阻燃剂，其被广泛使用在电线、电缆、尼龙、电子元件、电视以及计算机外壳等高分子材料中。DP 具有典型 POPs 的特性，已有研究表明 DP 可以与 HSA 结合，且可以在生物体内富集。

荧光光谱法是利用某些物质被一定波长的激发光照射后所产生的荧光发射光来进行物质的定性和定量分析的方法。HSA 分子中因含有色氨酸(Trp)、酪氨酸(Tyr)、苯丙氨酸(Phe)等残基而发射较强的内源性荧光。Trp、Tyr 和 Phe 由于其发色团不同，而具有不同的荧光光谱。由于 Phe 的量子产率很低，Tyr 被电离或者接近氨基、羧基时其荧光几乎全部淬灭，因而 Trp 常作为内源荧光探针来研究溶液状态下蛋白质的构象。本实验利用荧光光谱法测定 DP 与 HSA 结合的解离平衡常数和结合位点数，并利用布洛芬和保泰松两种 HSA 常用的分子探针初步确定 DP 在 HSA 上的结合位点。

三、仪器与材料

1. 仪器

荧光分光光度计、水浴锅。

2. 材料

(1) 三羟甲基氨基甲烷(Tris)-盐酸(HCl)缓冲液(pH=7.4)。

(2) HSA 标准品配成 1.0×10^{-5} mol/L 贮备液(100 mL)。

(3) 2×10^{-5} mol/Lsyn-DP 和 anti-DP 贮备液 1 mL。

(4) 2×10^{-4} mol/L 保泰松和布洛芬贮备液 10 mL。

四、实验步骤

1. DP与HSA的结合

(1) 取10 mL浓度为1.0×10^{-5} mol/L的HSA贮备液配成100 mL浓度为1.0×10^{-6} mol/L的HSA溶液,在12支洗净的10 mL离心管分别加入1.0 mL该溶液,分别编号1～6；1′～6′。

(2) 在1～6号离心管中分别加入0 μL、40 μL、80 μL、120 μL、160 μL、200 μL syn-DP溶液；在1'～6'号离心管中分别加入0 μL、40 μL、80 μL、120 μL、160 μL、200 μL anti-DP溶液,涡旋后放入25 ℃水浴下反应10 min,利用荧光分光光度计检测(狭缝：5 nm,电压：700 V,激发波长：295 nm,扫描范围：300～500 nm)。

(3) 检测完毕后将溶液放回离心管,在37 ℃水浴下反应10 min后继续检测。

2. 结合位点的确定

(1) 在24支洗净的10 mL离心管分别加入1 mL浓度为1.0×10^{-6} mol/L的HSA溶液,分别编号A～F；A'～F'；a～f；a'～f'。

(2) 在a'～f'中分别加入100 μL syn-DP溶液,在37 ℃水浴中反应10 min,形成HAS∶syn-DP＝2∶1的体系。

(3) 在A～F和A'～F'中分别加入0 μL、40 μL、80 μL、120 μL、160 μL、200 μL保泰松溶液；在a～f和a'～f'中分别加入0 μL、40 μL、80 μL、120 μL、160 μL、200 μL布洛芬溶液,涡旋后放入37 ℃水浴中反应10 min,利用荧光分光光度计检测(仪器参数见步骤1)。

(4) anti-DP与HSA结合位置的确定方法与syn-DP相同。

五、数据分析

1. DP与HSA的结合常数*K*和结合位点数*n*的计算

已有研究表明DP对HSA的荧光淬灭现象为静态淬灭,可以按静态淬灭公式求得不同温度下的K和n：

$$\lg\frac{(F_0-F)}{F_0}=\lg K+n\lg[Q] \tag{28-1}$$

式中：F_0——HSA溶液的荧光发射总量,a. u.；

F——加入DP后溶液的荧光发射总量,a. u.；

$[Q]$——DP的浓度,mol/mL；

K——蛋白质与小分子配体的结合常数,L/mol；

n——蛋白质与小分子的结合位点数,个。

具体结合常数K和结合点位数n通过绘制散点图并拟合得到($R^2>0.99$),其中纵截距值为结合常数K的负常用对数值$\lg K$,斜率为结合位点数n。横轴数值为计算加入不同量DP后溶液中DP浓度的$\lg[Q]$值,纵轴数值为计算加入不同量DP后溶液的$\lg\frac{(F_0-F)}{F_0}$值。

2. DP与HSA作用力的确定

物质与生物大分子的作用力类型包括氢键、范德瓦尔斯力、静电引力及疏水作用力。根据反应前后热力学焓变ΔH和熵变ΔS的相对大小,利用式(28-2)、式(28-3)、式(28-4)可以判断物质与蛋白质之间的主要作用力类型：$\Delta H>0,\Delta S>0$ 为疏水作用力；$\Delta H<0,\Delta S<0$ 为氢键和范德瓦尔斯力；$\Delta H\approx 0$ 或较小，$\Delta S>0$ 为静电引力。

$$\Delta G=-RT\ln K \tag{28-2}$$

$$\Delta H=\frac{RT_1T_2\ln(K_2/K_1)}{T_2-T_1} \tag{28-3}$$

$$\Delta S=\frac{\Delta H-\Delta G}{T} \tag{28-4}$$

3. DP 与 HSA 结合位点的确定

外源性物质能够与 HSA 结合。HSA 是人体中含量最多、最为重要的蛋白质之一。人血清蛋白可以分为六个区域(图 28-1)。其承担着物质转运功能，具有多种药物的结合位点，与外源性物质结合最为紧密的两个位点分别为 site Ⅰ(subdomain ⅡA)，site Ⅱ(subdomain ⅢA)，这两个位点能够结合绝大部分外源性物质。其中保泰松能够与 site Ⅰ结合，布洛芬能够与 site Ⅱ结合。

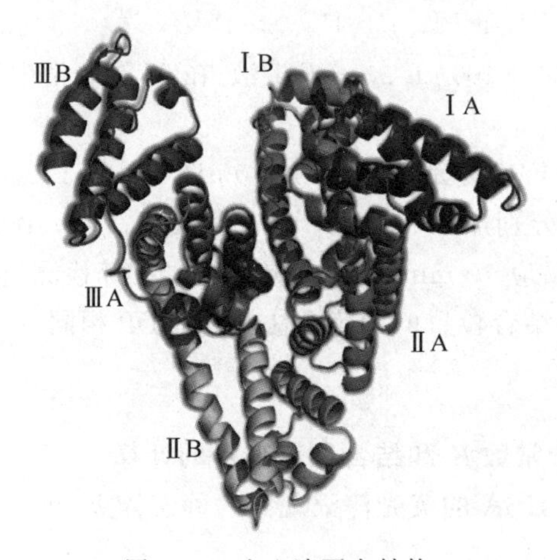

图 28-1 人血清蛋白结构

本实验用 site Ⅰ和 site Ⅱ的探针保泰松和布洛芬来确定 DP 在 HSA 上的结合位点。以探针浓度和 HSA 的浓度比为横坐标，HSA-DP 体系的荧光强度与 HSA 体系的荧光强度为纵坐标作图，比较 DP 的存在对两种探针与 HSA 结合的影响，影响越大代表结合位置越接近。

六、注意事项

1. 在蛋白溶液中加入 DP 后需混合均匀，水浴反应要充分。
2. 保证比色皿表面清洁。

七、思考题

1. 如何解释结合位点数 n 不是整数？
2. 计算 syn-DP 和 anti-DP 与 HSA 的解离平衡常数。

参考文献

[1] 董德明,朱利中.环境化学实验[M].2版.北京：高等教育出版社,2009.

[2] 孙红文,张彦峰,王平,等.环境化学实验[M].北京：化学工业出版社,2023.

[3] 环境保护部.环境空气 PM_{10} 和 $PM_{2.5}$ 的测定重量法：HJ 618—2011[S].北京：中国环境科学出版社,2011.

[4] 环境保护部.环境空气 颗粒物中水溶性阴离子(F^-、Cl^-、Br^-、NO_2^-、NO_3^-、PO_4^{3-}、SO_3^{2-}、SO_4^{2-})的测定 离子色谱法：HJ 799—2016[S].北京：中国环境科学出版社,2016.

[5] 宋燕,徐殿斗,柴之芳.北京大气颗粒物 PM_{10} 和 $PM_{2.5}$ 中水溶性阴离子的组成及特征[J].分析试验室,2006,25(2)：80-85.

[6] 黄娟,程金平.上海霾与非霾期大气颗粒物水溶性阴离子特征[J].环境科学与技术,2013,36(S2)：83-87,102.

[7] 王子倩,郝炜伟,董玲池,等.重庆城区冬季大气中多环芳香类化合物气粒分配的模型预测[J].中国环境科学,2024,44(2)：629-637.

[8] 王占山,李云婷,陈添,等.北京城区臭氧日变化特征及与前体物的相关性分析[J].中国环境科学,2014,34(12)：3001-3008.

[9] 左玉辉.环境学[M].北京：高等教育出版社,2014.

[10] 拜亚红.内蒙古包头南海湿地氮磷行为特性及植物修复研究[D].北京：中央民族大学,2021.

[11] 金相灿,屠清瑛.湖泊富营养化调查规范[M].2版.北京：中国环境科学出版社,1990.

[12] 国家环境保护总局标准处.水质 总磷的测定 钼酸铵分光光度法：GB 11893—1989[S].北京：中国标准出版社,1990.

[13] 卢小慧,李奇龙,刘阳,等.湖泊水体与沉积物中磷形态分布相关性分析[J].安全与环境工程,2016,23(4)：56-62.

[14] WANG Y R,WANG R M,FAN L Y,et al. Assessment of multiple exposure to chemical elements and health risks among residents near Huodehong lead-zinc mining area in Yunnan,Southwest China[J]. Chemosphere. 2017,174(5)：613-627.

[15] DONG W,ZHANG Y,QUAN X. Health risk assessment of heavy metals and pesticides：A case study in the main drinking water source in Dalian,China[J]. Chemosphere,2019,242:125113.

[16] MEANS B. Risk Assessment Guidance for Superfund. Volume I：human health evaluation manual (Part A). Interim report(Final)[J]. 1989.

[17] USEPA. Guidelines for carcinogen risk assessment[S]. Washington DC：Risk Assessment Forum,1986.

[18] 张美云,赵艳玲,郭春城,等.北京市朝阳区生活饮用水中某些金属元素健康风险评价[J].首都公共卫生,2020,14(1)：24-27.

[19] 环境保护部.中国人群暴露参数手册(成人卷)[M].北京：中国环境出版社,2013：87-801.

[20] 国家环境保护总局,科技标准司.地表水环境质量标准：GB 3838—2002[S].北京：中国环境科学出版社,2002.

[21] 国家市场监督管理总局,国家标准化管理委员会.生活饮用水卫生标准：GB 5749—2022[S].北京：中国标准出版社,2023.

[22] ZHANG M,WANG X P,LIU Y,et al. Identification of the heavy metal pollution sources in the rhizosphere soil of farmland irrigated by the Yellow River using PMF analysis combined with multiple analysis methods—using Zhongwei city,Ningxia,as an example[J]. Environmental Science

and Pollution Research,2020,27(14):16203-16214.

[23] 环境保护部.全国土壤污染调查公报[R].北京:环境保护部,2014.

[24] 生态环境部.土壤和沉积物铜、锌、铅、镍、铬的测定火焰原子吸收分光光度法:HJ 491—2019[S].北京:生态环境部,2019.

[25] YANG Q,LI Z,LU X,et al. A review of soil heavy metal pollution from industrial and agricultural regions in China: Pollution and risk assessment[J]. Science of the Total Environment,2018,642:690-700.

[26] BAI Y C,ZUO W G,ZHAO H T,et al. Distribution of heavy metals in maize and mudflat saline soil amended by sewage sludge[J]. Journal of Soils and Sediments,2017,17(6):1565-1578.

[27] 耿丽平,高宁大,赵全利,等.河北板蓝根产地土壤-植物中镉铅汞砷含量特征及其污染评价[J].中国生态农业学报,2017,25(10):1535-1544.

[28] 中国环境监测总站.中国土壤元素背景值[M].北京:中国环境科学出版社,1990.

[29] 生态环境部,国家市场监督管理总局.土壤环境质量　农用地土壤污染风险管控标准(试行):GB 15618—2018[S].北京:中国环境出版集团,2019.

[30] 生态环境部,国家市场监督管理总局.土壤环境质量　建设用地土壤污染风险管控标准(试行):GB 36600—2018[S].北京:中国环境出版集团,2019.

[31] 武杨柳,李栋,康露,等.质谱技术在农药残留分析中的研究进展[J].质谱学报,2021,42(5):691-708.

[32] 环境保护部.水质　多环芳烃的测定　液液萃取和固相萃取高效液相色谱法:HJ 478—2009[S].北京:中国环境科学出版社,2009.

[33] TILLNER J, HOLLARD C, BACH C, et al. Simultaneous determination of polycyclic aromatic hydrocarbons and their chlorination by-products in drinking water and the coatings of water pipes by automated solid-phase microextraction followed by gas chromatography-mass spectrometry[J]. Journal of Chromatography A,2013,1315:36-46.

[34] LIU Q Z,XU X,LIN L H,et al. Occurrence,health risk assessment and regional impact of parent, halogenated and oxygenated polycyclic aromatic hydrocarbons in tap water[J]. Journal of Hazardous Materials,2021,413,125360.

[35] 环境保护部.水质　总氮的测定　碱性过硫酸消解紫外分光光度法:HJ 636—2012[S].北京:中国环境科学出版社,2012.

附录一　PAHs 校准曲线、色谱质谱参数与毒性当量转换系数

附表 1-1　PAHs 系列校准溶液　　单位：ng/mL

PAHs 单体	简写	梯度 1	梯度 2	梯度 3	梯度 4	梯度 5
萘	NAP	1.0	10	50	200	2 000
苊烯	ANY	1.0	10	50	200	2 000
苊	ANA	1.0	10	50	200	2 000
芴	FLU	1.0	10	50	200	2 000
菲	PHE	1.0	10	50	200	2 000
蒽	ANT	1.0	10	50	200	2 000
荧蒽	FLT	1.0	10	50	200	2 000
芘	PYR	1.0	10	50	200	2 000
苯并[a]蒽	BaA	1.0	10	50	200	2 000
䓛	CHR	1.0	10	50	200	2 000
苯并[b]荧蒽	BbF	1.0	10	50	200	2 000
苯并[k]荧蒽	BkF	1.0	10	50	200	2 000
苯并(a)芘	BaP	1.0	10	50	200	2 000
茚并(1,2,3-cd)芘	IPY	1.0	10	50	200	2 000
二苯并(a,h)蒽	DBA	1.0	10	50	200	2 000
苯并(g,h,i)苝	BPE	1.0	10	50	200	2 000
氘代萘	d-NAP	100	100	100	100	100
氘代苊烯	d-ANY	100	100	100	100	100
氘代苊	d-ANA	100	100	100	100	100
氘代芴	d-FLU	100	100	100	100	100
氘代菲	d-PHE	100	100	100	100	100
氘代荧蒽	d-FLT	100	100	100	100	100
氘代芘	d-PYR	100	100	100	100	100
氘代苯并(a)蒽	d-BaA	100	100	100	100	100
氘代䓛	d-CHR	100	100	100	100	100
氘代苯并(b)荧蒽	d-BbF	100	100	100	100	100
氘代苯并(k)荧蒽	d-BkF	100	100	100	100	100
氘代苯并(a)芘	d-BaP	100	100	100	100	100
氘代茚并(1,2,3-cd)芘	d-IPY	100	100	100	100	100
氘代二苯并(a,h)蒽	d-DBA	100	100	100	100	100
氘代苯并(g,h,i)苝	d-BPE	100	100	100	100	100

注：定量过程中氘代菲作为蒽的内标使用。

附表 1-2 PAHs 色谱保留时间与质谱扫描离子

PAHs 单体	保留时间	定量离子	定性离子
NAP	5.91	128	102
d-NAP	5.89	136	110
ANY	7.90	152	76
d-ANY	7.88	160	84
ANA	8.20	154	153
d-ANA	8.14	164	163
FLU	9.25	166	165
d-FLU	9.18	176	175
PHE	12.50	178	152
d-PHE	12.40	188	162
ANT	12.72	178	152
FLT	16.83	202	200
d-FLT	16.77	212	210
PYR	17.49	202	200
d-PYR	17.44	212	210
BaA	20.92	228	226
d-BaA	20.86	240	238
CHR	21.00	228	226
d-CHR	20.94	240	238
BbF	23.49	252	250
d-BbF	23.43	264	262
BkF	23.56	252	250
d-BkF	23.51	264	262
BaP	24.28	252	250
d-BaP	24.22	264	262
IPY	27.77	276	277
d-IPY	27.68	288	289
DBA	27.93	278	276
d-DBA	27.79	292	290
BPE	28.75	276	277
d-BPE	28.65	288	289

附表 1-3 PAHs 各单体转换为相当于苯并[a]芘含量的转换系数

PAHs	转换系数	PAHs	转换系数
NAP	0.001	BaA	0.1
ANY	0.001	CHR	0.01
ANE	0.001	BbF	0.1
FLU	0.001	BkF	0.1
PHE	0.001	BaP	1
ANT	0.01	IPY	0.1
FLT	0.001	DBA	1
PYE	0.001	BPE	0.01

附录二　典型紫外光度臭氧分析仪、化学发光氮氧化物分析仪和气体透镜相关光度法一氧化碳分析仪的仪器构造、基本原理

一、典型紫外光度臭氧分析仪

49C 型紫外光度臭氧分析仪(以下简称 49C)是根据臭氧对紫外光的特征吸收光谱进行测量的,属于吸收光度法。依据紫外光度计原理设计的臭氧监测仪器,其基本工作原理是测量流动空气样品中臭氧对 254 nm 紫外光的吸收。在测量光程长度和臭氧吸收系数均为已知的情况下,可以由此吸收量得到样品气中臭氧的浓度。

49C 采取双光路测量的方式,工作十分稳定。如附图 2-1 所示,当环境气体被吸入后分成两路,经不同的管路进入两个光程长度完全相同的光池,其中一路流经臭氧去除器(ozone scrubber)除去臭氧作为参比零气(也可以称为背景气),另一路为环境气体样品,直接进入测量光池。

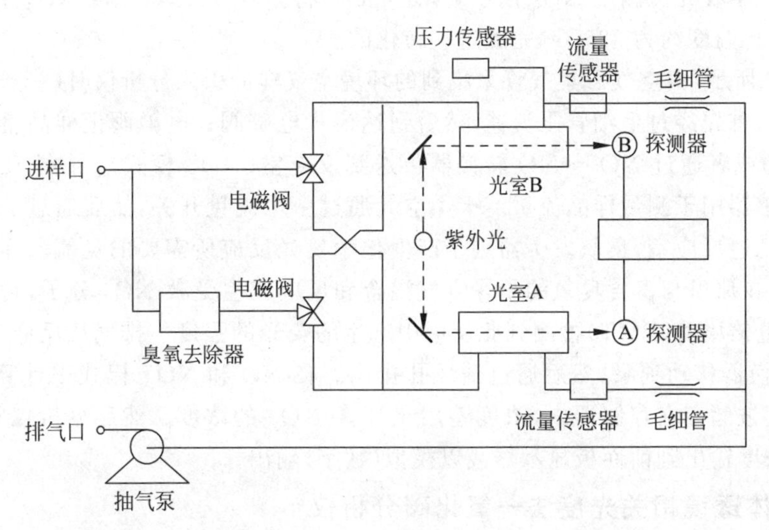

附图 2-1　49C 的工作原理

紫外光源(254 nm)经一组反射镜片分成两路紫外光,照射两个光池中的气体样品。由于两个光池内气体样品的臭氧含量不相同,对紫外光的吸收强度也不同,由光池另一端的两个光电检测器检测到强弱不同的信号 I 和 I_0。根据 Lambert-Beer 定律,由两个光电检测器测到的电压信号,可以计算出环境气体样品中的臭氧含量,其关系式如下:

$$\ln\frac{I}{I_0}=-c\cdot L\cdot\alpha\cdot\frac{p_a\cdot T_n}{T_a\cdot p_n}$$

式中:c——臭氧浓度,mL/m^3;

I——光池内通入环境气体样品所测得的光强信号;

I_0——光池内通入不含臭氧的参比零气测得的光强信号；

α——臭氧的分子吸收系数，308 cm^{-1}；

L——光池长度，38 cm；

T_a——光池内的温度，K；

p_a——光池内的气压，hPa；

T_n——标准状态下的温度，298.16 K；

p_n——标准状态下的气压，1 013 hPa。

在测量中，49C 通过周期性(10 s)地切换进气管路，将环境气体样品和除去臭氧的参比零气交替通入两个光池，并同时输出两个测量周期的平均值，通过此方法可以更好地消除因仪器光源和光电检测器灵敏度波动所带来的测量误差。测量得到的臭氧浓度结果可在面板上显示并以模拟量或数字量输出。

二、典型化学发光氮氧化物分析仪

化学发光氮氧化物分析仪是基于 NO 分子和 O_3 反应生成的激发态 NO_2 分子浓度与其发光强度成比例的原理制成的。其发光原理在于反应过程中生成的激发态 NO_2 分子衰减到低能状态时释放出红外光。其反应过程的化学方程式如下：

$$NO + O_3 \longrightarrow NO_2 + O_2 + h\nu$$

当使用化学发光法测量 NO_2 浓度时，首先必须将 NO_2 还原转化成 NO，分析仪是利用钼转化器(转化温度约为 325 ℃)完成这一转化的。

如图 2-2 所示，由空气总集气管采集到的环境空气样品引入分析仪时(一般先经过滤器去除颗粒物)，首先经过毛细管限流器，然后到达模式电磁阀。电磁阀把样品直接送到反应室(NO 模式)或者通过 NO_2～NO 转换器再送到反应室(NO_x 模式)。位于反应室之前的一个流量传感器用于测量样品流量。干燥空气通过一个流量开关，然后通过一个无声放电臭氧发生器到达反应室，臭氧发生器用于产生化学发光反应所需要的臭氧。样品气进入荧光反应室后，在那里与富含臭氧的干燥空气混合和反应产生受激 NO_2 分子，封装在热电冷却器内的光电倍增管(PMT)检测到此反应中产生的荧光的强度。排气从反应室出发，通过臭氧(O_3)转换器移动到泵，然后通过通风孔排出。在 NO 和 NO_x 模式中计算出来的 NO 和 NO_x 浓度被储存在存储器内，浓度差用于计算 NO_2 的浓度。然后分析仪将 NO、NO_2 和 NO_x 的浓度输出到前面板显示器或以模拟(数字)输出。

三、气体透镜相关光度法一氧化碳分析仪

一氧化碳(CO)选择性吸收以 4.6 μm 为中心波段的红外光，在一定的浓度范围内，红外光吸光度与 CO 浓度成正比。

气体透镜相关法一氧化碳分析仪的工作原理如附图 2-3 所示：空气样品经样气入口进入仪器的测量光池。从红外光源发射出的红外光束，先经过一个旋转的交替充满 CO 和氮气(N_2)的气体透镜相关轮(Filterwheel)，形成参比光束和测量光束，然后经过一个窄带干涉滤光镜，进入检测器。在光池中，参比光束和测量光束交替地照射测量光池内的样品气体，为增加光程，光束在光池内多次反射。在测量光池光路的另一端，一个固体红外检测器检测参比光束和测量光束的强度。由于 CO 气体分子只对测量光束具有吸收作用，对参比光束无吸收作用，而其他气体则对参比光束和测量光束产生同等的吸收作用，因此通过比较

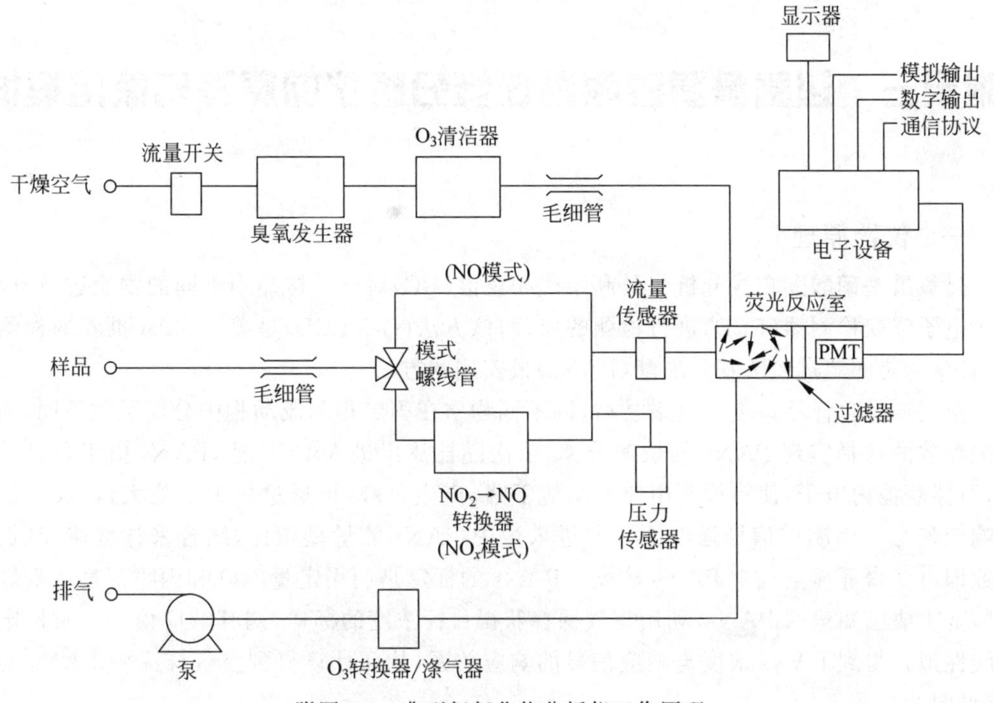

附图 2-2 典型氮氧化物分析仪工作原理

参比光束和测量光束的衰减强度，即可获得 CO 的测量信号。这种气体透镜相关法对 CO 浓度的响应是非线性的，因此仪器通过对电路系统工作曲线的校正，使得仪器的输出信号与 CO 浓度保持线性的响应关系。

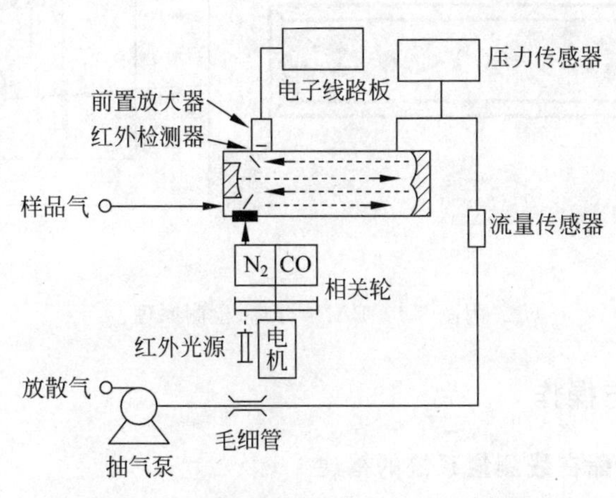

附图 2-3 典型一氧化碳分析仪工作原理

一氧化碳分析仪测量的 CO 浓度结果可显示在仪器的前面板屏幕上，同时通过后面板的输出端子向计算机通信接口输出模拟信号和数字信号。

附录三　过氧酰基硝酸酯在线分析仪的原理与使用操作

一、仪器原理

过氧酰基硝酸酯在线分析仪是利用气相色谱(GC)对空气样品中不同的物质进行分离，再用电子俘获检测器(ECD)进行检测的原理，该方法(GC/ECD)是美国 EPA 推荐的检测方法，被认为是测定过氧酰基硝酸酯(PANs)最实用的方法。

空气样品自样品口进入色谱柱后，因不同物质在固定相和流动相中分配系数不同，通过相关参数的选择实现 PANs 的快速分离，依次随柱流出进入 ECD 池，PANs 由于具有电负性，可俘获池内电子，使得检测电路的基流下降，产生负峰，再通过放大器放大，记录器记录下响应信号。因响应信号强度大小与进入池中 PANs 的量呈正比，结合采样流速、时长等参数即可获得环境空气中 PANs 浓度。PANs 的标定是利用定量 NO 和丙酮标气在汞灯的照射下生成已知量的 PANs，利用零气稀释获得目标浓度的标样，测其响应信号。对标定结果线性拟合得到 PANs 浓度与响应信号的响应关系，从而计算得到空气样品中 PANs 的浓度(见图 3-1、图 3-2)。

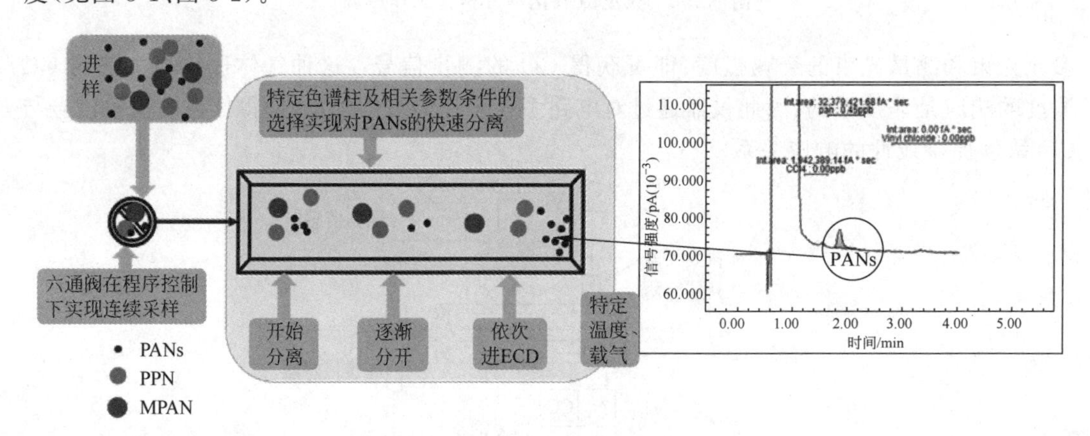

附图 3-1　PANs 分离、检测原理

二、仪器搭建与操作

1. 过氧酰基硝酸酯在线测量系统的搭建

(1) 把 Teflon 采样管连接到过氧酰基硝酸酯在线分析仪的进气口。安装前应确认采样管是干燥的，且其中无杂质。如附图 3-3 所示，在采样管上安装颗粒物过滤器，过滤器内装上长 47 mm 2～5 μm 孔径的 Teflon 过滤膜。采样管的长度在有共线式进气管时应小于 3 m，无共线式进气管时可延长至 5 m(注意：要保证进入仪器的气体的压力和环境气压相同)。

(2) 用一段管线从过氧酰基硝酸酯校准仪的 VENT(标气排空)连接到合适的排放口，最好直接通向室外空气流通处或专用的排气管路。这段管线的长度应小于 5 m，而且无堵塞物。

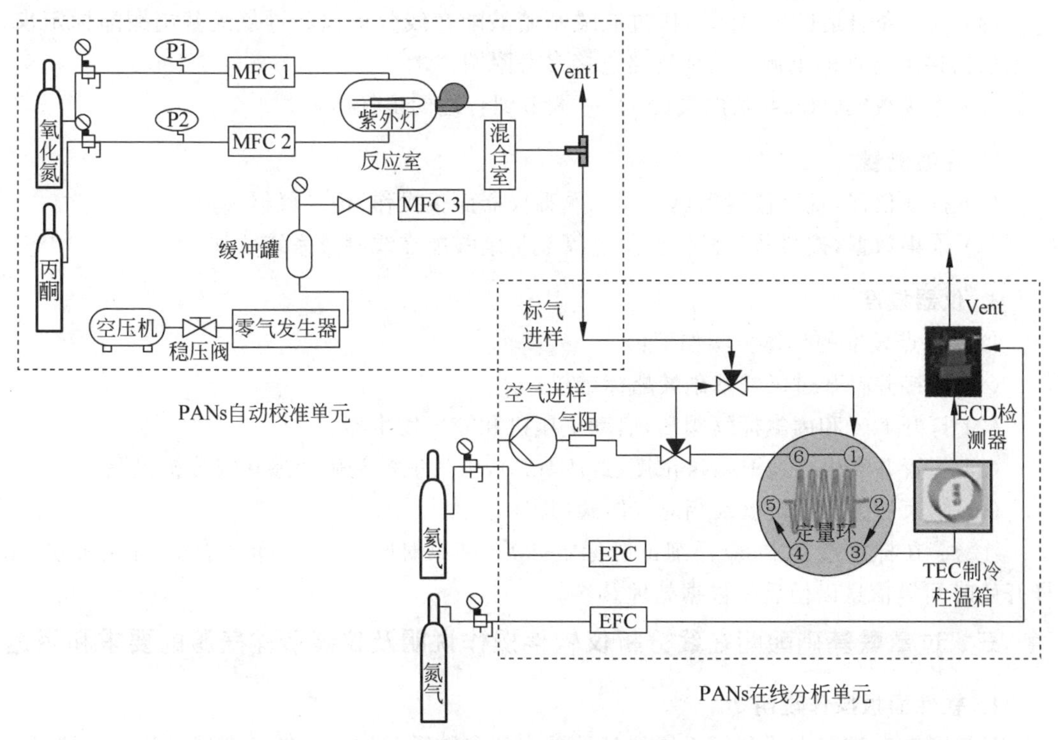

附图 3-2　过氧酰基硝酸酯在线分析仪监测与标定流程

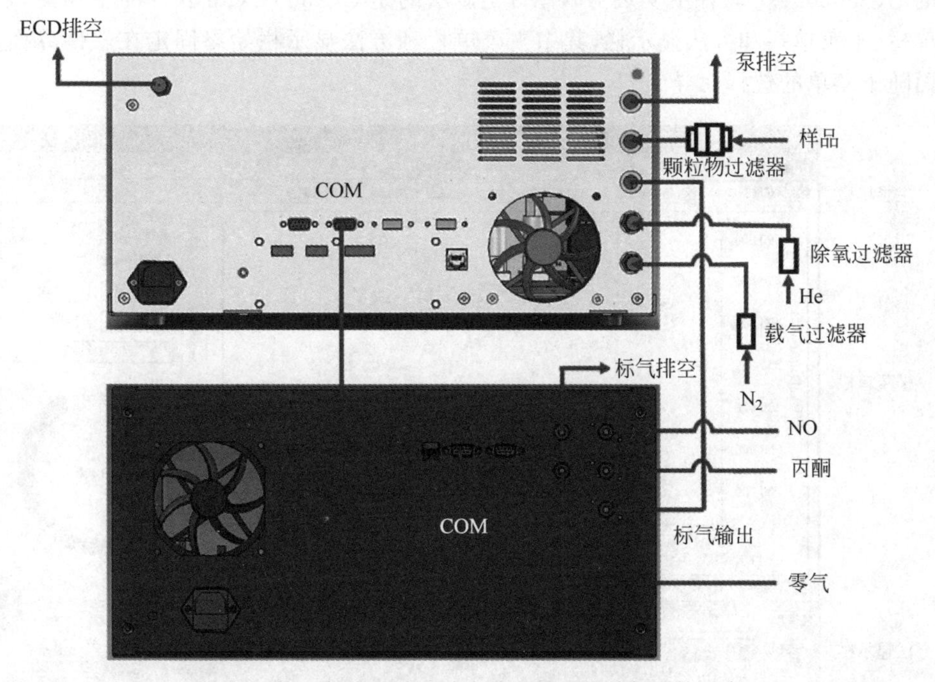

附图 3-3　过氧酰基硝酸酯在线测量系统外部连接示意

（3）把空气压缩机的供气管线接到零气发生器的进气端，再把零气发生器输出端连接到过氧酰基硝酸酯在线分析仪进气口。

(4) 找一条合适的串口线连接过氧酰基硝酸酯在线分析仪和过氧酰基硝酸酯标定仪，并给仪器接上合适的电源。其他管路连接参考附图 3-3。

(5) 连接载气(He)和辅助气(N_2)，并调节到合适的出气压力。

2. 在线测量

(1) 打开仪器，观测仪器预热过程。熟悉仪器面板操作，记录仪器参数。

(2) 采集数据，按步骤三操作使用过氧酰基硝酸酯在线测量系统软件。

3. 仪器校准

仪器单点校准的具体步骤如下：

(1) 连接并打开过氧酰基硝酸酯标定仪。

(2) 打开 NO 和丙酮标气阀门，启动空压机和零气发生器。

(3) 配置并产生合适 PANs 浓度(2 μL/m^3)，供过氧酰基硝酸酯在线分析仪测量。

(4) 结束后关闭标定仪及相应气体阀门。

注意：在标定过程中，应详细记录标定开始、结束时间、PANs 标气浓度、标定方法、采样开始时间等信息以便后续数据处理。

三、过氧酰基硝酸酯在线分析仪软件操作说明及仪器所需气源的要求和用途

1. 软件面板操作说明

过氧酰基硝酸酯在线分析系统的各种操作和参数设置均在过氧酰基硝酸酯分析仪显示屏内的 GC-3000.exe 软件中实现。附图 3-4 显示的是 GC-3000.exe 软件的主界面，包括了主菜单栏、子菜单栏和方法显示栏，其中主菜单栏和方法显示栏始终固定在软件界面，中间的页面随子菜单的选择而异。

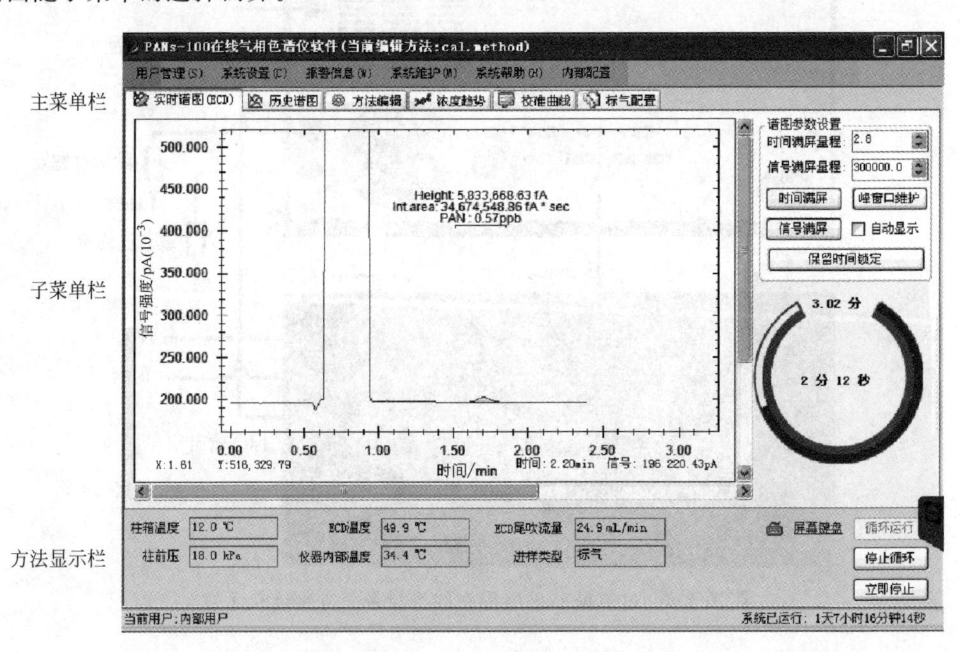

附图 3-4 GC-3000.exe 软件主界面

(1) 主菜单及其结构

主菜单包括用户管理、系统设置、报警信息、系统维护、系统帮助和系统配置。

① 用户管理。在用户管理处可以选择以“操作员”或“管理员”身份登录。

② 系统设置。系统设置可以设置通信、运行、日志、浓度报警、积分参数、仪器序列号、嵌入式软件版本、恢复出厂设置、参数设置、模拟输出类型设置、PID 参数、PGA 放大、模拟量质控和自动质控。

③ 报警信息。在“报警查询”中可以查看当前报警和历史报警信息,依据“报警配置”查找并解决仪器当前或历史问题。

④ 系统维护。可进行单板测试、总压传感器校准和 MFC 控制。

⑤ 系统帮助。包括“关于”“软件版本维护”“数据演示”“屏幕键盘”四个功能。

⑥ 系统配置。在此处可查询程序集配置、仪器及类型配置、日志配置、通信配置、报警配置、变量配置、操作配置、任务管理和定时器配置。

(2) 子菜单

子菜单是日常观测和标定最常用的界面,主要包括实时谱图、历史谱图、方法编辑、浓度趋势、校准曲线和标气配置。

① 实时谱图。点击“时间满屏”或“信号满屏”实时查看当前循环的信号响应变化。右下角的环形时间分别表示每测一个数据(每个循环)所需的时间和当前循环开始的时间。

② 历史谱图。通过加载特定时间的历史数据查看每个循环的谱图。

③ 方法编辑。可建立采样和标定的方法,也可导入之前建立的方法直接应用。

④ 浓度趋势。可通过选择特定时间范围,查看并导出对应时间内 PANs 浓度数据。

⑤ 校准曲线。可加载标定的数据文件,线性模拟得出本次标定的校准曲线。

⑥ 标气配置。设置标气、零气的流量、压力等参数,调控 PANs-200 校准仪。

2. 所需气源及其要求、用途

(1) 氮气:高纯氮气(N_2>99.999%),出口压力为 0.2 MPa,气体用量为 20~30 mL/min,气源为瓶装高纯氮气,用途为尾吹气。

(2) 氦气:高纯氦气(He>99.999%),出口压力为 0.2 MPa,气体用量为 20~30 mL/min,气源为瓶装高纯氦气,用途为载气。

(3) NO 标气:浓度 1 mL/m^3,平衡气为高纯氮气,出口压力为 0.1 MPa,气体用量为 0.5~20 mL/min,气源为进口瓶装标气,用途为 PANs 合成反应气。

(4) 丙酮标气:浓度 500 mL/m^3,平衡气为零空气,出口压力为 0.1 MPa,气体用量为 20 mL/min,气源为瓶装标气,用途为 PANs 合成反应气。

(5) 零级空气(zero air):HC<0.25 μL/m^3,CH_4<5 μL/m^3,出口压力为 0.2 MPa,气体用量为 500~5000 mL/min,气源为零气发生器,用途为 PANs 标气稀释气。

四、注意事项

1. 在启动配气后,标气的流量和压力达不到目标值时应立即关闭标气总阀门,检查管路是否因开启阀门时压力过大导致管路断开。

2. 若 PANs 浓度趋势变化较慢,明显低于上次标定结果时,可能是由于 NO 管路内老化生成 NO_2,多次排空密闭管路内残留的 NO 后可继续标定。

3. 在查看浓度趋势时,可能由于仪器响应问题导致某一点响应信号异常高进而无法判断当前标定的浓度趋势,可以将当天数据导出为.xls 或.xlsx 格式,剔除异常点后,绘制散点图查看趋势。

附录四 水体总磷标准和各形态磷的特征

附表 4-1 我国地表水环境质量总磷标准限值 单位：mg/L

标准值	Ⅰ类	Ⅱ类	Ⅲ类	Ⅳ类	Ⅴ类
总磷	≤0.01	0.01～0.025	0.025～0.05	0.05～0.1	0.1～0.2

注：《地表水环境质量标准》(GB 3838—2002)。

附表 4-2 我国湖泊营养类型总磷标准 单位：mg/L

标准值	贫营养型	中营养型	富营养型	重富营养型
总磷	＜0.02	0.02～0.05	0.05～0.09	＞0.09

注：《湖泊富营养化调查规范》。

附表 4-3 水体各形态磷的特征

磷形态	特 征
DTP	溶于水，且能通过 0.45 μm 微孔滤膜，根据理化性质，可分为 DIP 和 DOP
DIP	最容易被藻类等水生植物吸收利用，通常被认为是限制或控制浮游植物主要生产力和生长速率的营养元素
DOP	通过胞外水解酶作用转化为 DIP，为藻类提供可利用磷素。在水华暴发期，DOP 会很快转化为 DIP，导致藻类大量繁殖
PIP	存在于矿物相中，一部分来自 DIP 吸附的颗粒，另一部分来自胞内储存产物。PIP 可沉降到沉积物中，与锰、铁、铝、钙等离子结合，形成沉积物各形态磷
POP	一部分来自动植物残体经微生物分解转化而成，另一部分来自农田废水、生活污水和工业废水等的排放，它可以通过微生物作用(如解磷菌)转化为无机磷，以供植物吸收利用
IP	外部来源主要是磷素肥料，内部来源是 OP 经微生物降解转化而成，或是沉积物释放的二次污染
OP	外部来源主要是农业生产所需的有机农药，如有机氯、有机磷等

附录五 dl-PCBs系列校准曲线与质谱测定参数

附表 5-1 dl-PCBs 系列校准溶液 单位：ng/mL

dl-PCBs 单体	梯度 1	梯度 2	梯度 3	梯度 4	梯度 5
CB-77	0.8	4.0	20	100	500
CB-81	0.8	4.0	20	100	500
CB-123	0.8	4.0	20	100	500
CB-118	0.8	4.0	20	100	500
CB-114	0.8	4.0	20	100	500
CB-105	0.8	4.0	20	100	500
CB-126	0.8	4.0	20	100	500
CB-167	0.8	4.0	20	100	500
CB-157	0.8	4.0	20	100	500
CB-156	0.8	4.0	20	100	500
CB-169	0.8	4.0	20	100	500
CB-189	0.8	4.0	20	100	500
^{13}C-CB-77	5	5	5	5	5
^{13}C-CB-81	5	5	5	5	5
^{13}C-CB-123	5	5	5	5	5
^{13}C-CB-118	5	5	5	5	5
^{13}C-CB-114	5	5	5	5	5
^{13}C-CB-105	5	5	5	5	5
^{13}C-CB-126	5	5	5	5	5
^{13}C-CB-167	5	5	5	5	5
^{13}C-CB-157	5	5	5	5	5
^{13}C-CB-156	5	5	5	5	5
^{13}C-CB-169	5	5	5	5	5
^{13}C-CB-189	5	5	5	5	5

附表 5-2 气相色谱-三重四极质谱法测定 dl-PCBs 的定量离子对、定性离子对与碰撞电压参数

化合物名称	定量离子对/(m/z)	定性离子对/(m/z)	碰撞电压/eV
CB-81	289.9～220.0	291.9～222.0	25
$^{13}C_{12}$-CB-81	301.9～232.0	303.9～234.0	25
CB-77	289.9～220.0	291.9～222.0	25
$^{13}C_{12}$-CB-77	301.9～232.0	303.9～234.0	25
CB-123	323.9～254.0	325.9～256.0	25
$^{13}C_{12}$-CB-123	335.9～266.0	337.9～268.0	25
CB-118	323.9～254.0	325.9～256.0	25
$^{13}C_{12}$-CB-118	335.9～266.0	337.9～268.0	25
CB-114	323.9～254.0	325.9～256.0	25

续表

化合物名称	定量离子对/(m/z)	定性离子对/(m/z)	碰撞电压/eV
$^{13}C_{12}$-CB-114	335.9～266.0	337.9～268.0	25
CB-105	323.9～254.0	325.9～256.0	25
$^{13}C_{12}$-CB-105	335.9～266.0	337.9～268.0	25
CB-126	323.9～254.0	325.9～256.0	25
$^{13}C_{12}$-CB-126	335.9～266.0	337.9～268.0	25
CB-167	359.9～289.9	361.9～289.9	25
$^{13}C_{12}$-CB-167	371.9～301.9	373.9～303.9	25
CB-156	359.9～289.9	361.9～289.9	25
$^{13}C_{12}$-CB-156	371.9～301.9	373.9～303.9	25
CB-157	359.9～289.9	361.9～289.9	25
$^{13}C_{12}$-CB-157	371.9～301.9	373.9～303.9	25
CB-169	359.9～289.9	361.9～289.9	25
$^{13}C_{12}$-CB-169	371.9～301.9	373.9～303.9	25
CB-189	393.8～323.9	395.8～325.9	25
$^{13}C_{12}$-CB-189	405.9～335.9	407.8～337.9	25